Nakajima hikouki no syusen

中島飛行機の終戦

西まさる

Nishi Masaru

新葉館出版

中島飛行機の終戦・目次

第四章　学徒動員と朝鮮人徴用工　63

第五章　中島製の軍用機　115

第六章　半田製作所の秘話 134

第七章　興銀対中島の開戦。中島再建への戦い　174

附　録

＊敬称は略させて頂いた。
＊現在、不適切な表現とされる用語も文中にあるが、時代背景を考慮して言い換えていない。
＊『中島ノート』などからの引用の中、数字などが合わない箇所があるが、それらは全てママとしている。

○中島飛行機の終戦

第一章　終戦

一、長い電話

「よく分かりました。大社長《おお》も、どうぞお気をつけて」。

藤森は受話器を力なく置いた。長い長い電話が終った。昭和二十年八月十四日早朝のことであった。

大社長とは中島知久平《ちくへい》のこと。知久平は中島飛行機を創業の後、昭和六年から会社の経営は弟の喜代一《きよかず》に渡して政界に進出。立憲政友会中島派の領袖《りょうしゅう》として総理大臣に近いほどの地位にあった。中島飛行機の経営からは、名目上、外れてはいるが創始者でありオーナーである。社員は知久平を大《おお》社長と呼び慕っていた。

この電話は東京、三鷹に居る知久平から、愛知県半田市にある中島飛行機半田製作所の藤森への情報提供だった。

藤森はノートを開くと、乱暴に、「lost a war」と書く。そしてすぐ、その一文をぐるぐるとペンで消し、「The war ended」と書いた。「lost a war」は敗戦の意味。「The war ended」は終戦と読む。藤森は敗戦を終戦と書き直したのだ。

しかし、この日以降の藤森は終戦どころではない。新しい中島飛行機半田製作所の開戦が待っていたのである。

二、富士産業の誕生

実際、大日本帝国の敗戦は、中島飛行機にとっては再建のための開戦であった。再建を果たすための当面の敵は圧倒的な権力を持つ、ＧＨＱ（連合国軍最高司令官総司令部）である。この日より、ＧＨＱと中島の武器なき戦いが始まったのである。

ＧＨＱは日本を占領するとまず陸海軍の武装を解除。そして武器製造工場を解体して、再び軍用品を造らせないよう軍需関係の機械などをことごとく破壊した。そして、各工場には民生品を造る平和産業への転換を命令した。

命令の対象は、全ての軍需工場である。だが、なぜかＧＨＱは中島飛行機だけを徹底的にマークし、完璧に中島を解体しようとした。とても勝負にならない力量の差があるにも拘《かか》わらず中島にだけは本気で掛かってくる。そんな印象であった。

その証拠に、ＧＨＱが直接関わり、直接指令して解体した企業は中島飛行機ただ一社である。日本の数多い軍需会社の中でただ一社。これは全く異例のことであった。

中島にだけ、ことさら辛く当たったとさえ思えるＧＨＱの姿勢。これには様々な理由が挙げられるが、彼らが恐れたのは、中島の持つ飛行機製造技術や開発力だろう。当時、日本で軍用機の開発設計からエンジンの製造、機体の組立まで一貫して自社生産できるのは中島だけだった。

中島一社で軍用機を造れる。それを何より危惧《きぐ》したとしか思えない。

さらに中島を追い込んだのは、中島が航空機製造の専門会社だったことだ。大軍需工場は中島だけでなく、三菱、三井、住友、安田などの財閥企業も大軍需産業を展開していた。だがGHQは、それらの企業には中島ほど厳しく当たっていない。それは財閥企業が軍需工場以外に民需品の工場を多く持っているので民需産業への転換は容易だとみたからだ。

一方の中島は軍用機専門の製造会社だ。創業以来、軍用機しか造っていない。今後も、民需品の製造に飽き足らず、機を見て軍用機の製造に再転換するのではないかと心配をしたのだ。

もう一つ、中島飛行機は昭和二十年四月一日付けで国有化され、第一軍需工廠《ぐんじゅこうしょう》となっていたことも災いした。

これは軍用機などの生産を軍の管理下に一元的に集約、機動性をもたせるため軍需工廠官制を執った結果…、が、表向きの理由だが、真の理由は陸海軍の仲の悪さから来ている。後に詳しく書くが、その想像以上の仲の悪さは軍用機生産の妨《さまた》げとさえなっていた。

こんなつまらぬ理由で看板を書き変えられた中島だが、看板を変えても、実質は中島飛行機そのものが経営する飛行機製造会社に何ら変わりはなかった。

だが、これが中島にとっては何よりの不運だった。GHQの目に第一軍需工廠は、軍部そのものに見えたのである。

昭和二十年八月十五日正午に終戦の詔勅《しょうちょく》が流されたが、公式に公官庁や諸団体、軍用品の製造企業に終戦命令が出されたのは八月十七日のこと。陸海軍の各部隊に戦闘停止命令が出たのもこの日である。

だが、第一軍需工廠、即ち、中島飛行機は、その終戦命令を待つまでもなく、既に「富士産業株式会社」と改称して、終戦処理と同時に、中島飛行機の再建を視野に入れた様々な活動を始めていたのである。

社名を「富士」と名付けたのは、「日本がこの戦争に勝つには『富嶽《ふがく》』しかない。この飛行機を造り、アメリカ本土を空爆、そして和平に持ち込むのだ」と、中島知久平が再々力説した、あの超大型爆撃機「富嶽」から取ったのだ。戦争末期、「富嶽」は中島飛行機の社員の心の支えであり、シンボルであった。

この流れを見たGHQが、カチンと頭に来たのも無理はない。中島の戦後処理は早過ぎた。そして、それらがアメリカに不服従の態度に見えたのだろう。

三、終戦前日の『中島ノート』

ノートが四冊ここにある。

黒い厚紙の表紙。表紙には白の箔押しで『中島飛行機半田製作所』。昭和十八年から昭和二十三年にかけての中島飛行機の業務日誌ともいえるものだ。ノートの主は藤森正巳、中島飛行機半田製作所の副所長兼製造部長。半田製作所の実質的な最高責任者である。

小さめの文字が几帳面に並ぶノートの記述は、公開を前提としていない備忘録的なものだから虚飾は全くない。但し、個人のメモだ。主語が省かれて読みにくい箇所もある。だが、淡々と事実を書き次いであり、充分に内容は理解できる。さらに、事実の羅列だけに記述は生々しい。

昭和二十年八月十四日のページは殊に生々しいものだ。

この日は太平洋戦争終戦の前日。だが、中島飛行機（当時は国有化され第一軍需工廠）の上層部は既に日本の敗戦を知っていて戦後処理を始めていたことが、このノートからはっきりと読み取れる。

一部を見てみる。

藤森のこの日の記述は、一行一行の散らし書き。ほとんどが名詞の羅列。横書きの中に縦書きも。さらに英語も混じっている。まさにこの日の混乱そのものが見える。

第一軍需工廠ハ廃止　中島飛行機ニ復帰ニ非ズ　人員ハ軍需工廠・共用　タイ遇官吏ニナルコトハヤメ、疎開　建設　生産ハ中止　stop. stop. stop.
学徒、挺身隊、應徴士ハ速カニ帰還セシム　採用ハ停止　女子ヲ先ニカヘス
半島労務者ノ処理ハヨク警察当局ト協議ノ上　成ルベク速カニ帰還方善処サレタシ
帰還旅費支給差支ヘナシ
重要書類ハ整理　速カニ廠長ニ於テ焼却セシムベシ、　金銭関係ノ書類ハ残シ　機密書類等ハ適宜ニ廠長ニ於テヤク
生産命令　経理関係書類ハ指示スル迄ソレ迄整理シテオク　物品ニツイテ之ニ準ズ
官吏・・・十五日附ヲ以テ辞表提出　タイ遇官吏ニナルコトハヤメ

解説も不要だろうが、八月十五日をもって「第一軍需工廠ハ廃止　中島飛行機ニ復帰ニ非ズ」。つまり、この工場は国有企業でなくなるが、元の中島飛行機に復帰するのではない。官と民の中間にあるような立場だが、とり合えず生産や建設の全ては中止し、機密書類は速やかに焼却。残務整理をしながら後の指示を待て、ということである。stop. stop. stop. の書きなぐりに藤森の悔しさが見て取れる。

意外な記述は「半島労務者ノ処理ハヨク警察当局ト協議」である。終戦前日には既に、朝鮮半島からの人々の暴動を警戒していたのだ。「朝鮮半島出身者であっても日本国民だ。中島は差別的な扱いはしていない」と同社の幹部から聞いていたが、それは建前。やはり警戒しなければならない関係だったのだ。差別などがあったのだろう。

さらに、朝鮮半島の国が、明日から戦勝国の

藤森の『中島ノート』。この他に大量の資料があり、中島の実態がわかる

立場に逆転するという認識が日本側に既にあったことも分かる。「速カニ帰還方善処サレタシ」。そして、「帰還旅費支給差支ヘナシ」と出来るだけ早く厄介払いをしたい魂胆がみえみえだ。

敗戦国となり間もなく敵国に占領されるのだから、「機密書類ハ整理 速カニ焼却」は当然のこと。また、「学徒、挺身隊、應徴士ハ速カニ帰還セシム」とあるように、既に工場を稼動させるつもりは十四日現在、全くない。応徴士《おうちょうし》とは朝鮮人徴用工の呼称だ。

中島飛行機という民間会社は、第一軍需工廠という国営の看板に変わっているが。中島そのものが経営する日本一の飛行機製造会社に何の変わりもなかった。後のノートからも再々出てくるが、「工場も機材も金も、すべて中島のもの。国のものではない」が中島の社員の一致した認識だった。

さて『中島ノート』に戻る。八月十四日から十五日にかけてのページだ。

ダイナマイト　車　危険物ノ厳重管理

契約ノ解除　　新規契約ノトリケシ

工員退職金ソノ他ノ調査ノコト
現品調査　材料等ハ軍需工廠官ノモノヲ中島ニ払下ゲヲ得タルコトニナル
当分ノ公用便ハ、今迄の人ヨリモ上ノ人ヲ派遣セラレタシ

これらの記述は明らかに終戦処理に着手していることを物語っている。

そして注目の記述は、「材料等ハ軍需工廠官ノモノヲ中島ニ払下ゲヲ得タルコトニナル」だ。この時点、即ち、まだ終戦が国民に宣告される以前に、国と中島の間で工場の資産や材料の処分法も協議済みだったのである。

国有の物品を「中島ニ払下ゲヲ得タルコトニナル」は「払い下げを受けたことにする」と読む。つまり、官の所有物なら占領軍に押収されるが、民間企業の所有物なら押収は免れるだろうという方便を講じたのだ。

この工場にある材料や器材は膨大な量だ。中島全社で社員は二十五万人以上。半田製作所でも三十五万坪の工場に二万六千人が働く規模である。その工場にある材料、器材、仕掛品を短期間で調べ上げ、払い下げなどの手続きが出来るわけはない。国と中島はこれより数日も前から、すっかり打ち合わせ済みだったと考えるしかない。

第二章　中島飛行機について

ここで中島飛行機とその創始者、中島知久平。そして本書の主人公というべき藤森正巳を紹介しておく。

一、中島知久平と中島飛行機研究所

中島飛行機は大正六年（1917）に創業。当時の社員は中島知久平以下たった八人。それが僅か十数年で十万人を超す社員と世界水準の技術を有する巨大な軍用機メーカーに急成長。脅威的としか言いようのない軌跡《きせき》を持つ企業である。

昭和十六年から終戦までの軍用機生産実績（主に海軍）をみると、中島は約二万機、三菱重工業は一万三千機。三位の川崎重工は八千機である。生産総数は七万機弱、中島は日本の軍用機の三割を担う文句なしの日本最大の軍用機メーカーだった。

中島の急成長は軍需拡大という時流に乗ったからだろう、と言う向きもあろう。それもある。但し、その時流だけでは群馬の町工場といえる零細企業が、財閥企業の三菱や川崎重工、川西などに後塵を浴びせ、日本一になれることはない。

大成長の原動力は、「日本の飛行機王」とさえ称される中島知久平の航空機への情熱がまずある。

明治後期から大正初期の帝国海軍は、日露戦争勝利の余波もあり、更に強大な軍艦に、更に強大な大砲を積めば勝利が固いという「大鑑巨砲主義」一本であった。

海軍機関大尉だった知久平は大鑑巨砲に拘《こだわ》る軍部の方針に真っ向から反論、「これからは飛行機の時代だ。航空戦力の増強が急がれる」と力説。数多くの稟議《りんぎ》、提案をしている。なお、知久平は海軍航空術研究委員として、アメリカやフランスを視察、航空機の構造などを学び、修理技術を習得していて、当時では先端の技術者だった。

大正三年には、海軍艦隊関連への軍備予算が一億円に迫るのに対し、航空機への予算が僅か二十万円。これに憤慨した知久平は、「大正三年海軍予算配分に関する希望」という意見書に「航空機構造に関する私見」を添付し海軍に提出している。また、知久平は陸海軍将官、政府高官と相手構わず「航空機万能論」をぶって廻った。時の陸軍大将で日露戦争の英雄、児玉源太郎に「中島の言うことはよく分からんが、説得力がある。要考慮だ」と言わしめている。

そして少しづつだが海軍でも航空機の必要性が認識され始めたが、知久平の希望には遠い。特に知久平は国産、民営での航空機製造を強調した。これは海軍内部で反発が多く、彼は異端児扱いされるようになっていった。

中島知久平
(1884～1949)

そこで知久平は、自論が受け入れられぬなら自分で飛行機を造ると海軍を退役、自ら民間会社、「飛行機研究所」を立ち上げ、飛行機造りに挑んだのである。大正六年のことである。同社は、翌年「日本飛行機研究所」、その翌年「中島飛行機研究所」となった。

知久平の海軍退役にあたっての挨拶状「退職の辞」の

一部である。

「海軍に於る自己の既得竝びに将来の地位名望を捨てて野に下り、飛行機工業民營起立を劃し、以つてこれが進歩發達に盡くし、官民協力國防の本義を完し、天恩に奉ぜんことを期す」。

格好よく退官して、研究所は立ち上げたが、肝心の飛行機造りはことごとく失敗だった。知久平が自信を持って自ら設計した複葉機「中島式一型」も飛ばなかった。

工場は群馬県太田町にある。飛行機の試験飛行は利根川で行われる。試験飛行を見物に町民が集まるのだが、なかなか飛行機は飛び立たない。やがて、「♪お札はだぶつく、物価は上がる。上がらないぞえ中島飛行機」などとインフレと中島を揶揄《やゆ》する戯《ざれ》れ歌が出来たという。

大正八年、知久平はようやく試験飛行に成功、中島式飛行機を完成させた。知久平念願の民間航空機製造会社の誕生であった。

その翌年には陸軍から練習機二十機の注文が入り、順調に会社は伸びてゆく。しかし知久平は少しも満足していない。もっと高性能の飛行機を造らなければいけない。もっと量産せねばいけない。そうしなければ列強諸国に勝てない。その為には工場の拡張が必要だ。いやいや、そればかりでは駄目。別にやるべきことがある。

知久平は決断した。

突出した設計力を身につけ、従来にない新型の飛行機を開発しなければ列強に比肩する航空力を持てない。そのためには優秀な技術者を養成することだ。

そして知久平は、優秀な人材をなりふりかまわず獲得し、その人材に「自由闊達《かったつ》な仕事」をさせ、日本の先端を行く新技術を開発する方針を固めたのである。

知久平の狙いは当たり、中島飛行機は僅かな年月で世界に比肩する「技術の中島」に育った。社員を束縛せず、自由に仕事をさせて成功を収めたのだ。「組織の三菱、人の中島」と言われる由縁がここにある。

群馬県太田町の町工場に、東京帝国大学工学部航空学科卒業の吉田孝雄が入社した。大正十三年のこと。知久平が三顧《さんこ》の礼をもって招聘《しょうへい》したのである。

東武電車を太田駅に降りた吉田は、わが目を疑った。駅には会社関係者一同をはじめ太田町役場の幹部も出迎えに来ていたからだ。駅頭には町民が集まっていた。「おらが町に帝大の学士様が来たと、小旗を振る提灯行列が起った」という伝説が生まれた日である。

東京帝国大学工学部からは吉田の後、三竹忍、小山悌、山本良三などが続く。このように知久平は、会社の身の丈を超すような人材をどんどん招聘していった。彼らの待遇は、他の社員が不平を言うほど破格のものだった。だが、これは知久平の、中島飛行機の、理論武装である。結果的には安いものであった。

東大工学部の頭脳はすべて設計部に投入された。

当時の日本は飛行機の機体は造れてもエンジンはすべて海外からの輸入品。「これでは外国と肩を並べることは出来ない。独自のエンジンを造るのだ」。

そして、国産第一号の独自設計による空冷星型九気筒四百五十馬力の「寿」を昭和五年に完成させるや、「零戦」のエンジン「栄」。また、革命的な高性能エンジン「誉」など、次々と高性能エンジンを完成させた。

素晴らしいこれらの実績に、社員は「技術の中島」を誇りとするようになり、設計部員の破格の待遇に文句を言う社員はいなくなった。

その後、中島の技術は、国産初のジェット機「橘花《きっか》」を飛行させた。さらに終戦直前には、ロケットエンジンまで造り上げたのである。

その技術陣の一人に、日本の宇宙開発の父といわれる糸川英夫がいる。糸川は東京帝国大学工学部を卒業して中島に就職。やはり設計部の社員だった。世界に誇る小惑星探査機「はやぶさ」は言わずと知れた中島の誇る一式戦闘機「隼」からの命名である。

だが、この命名の基は戦闘機「隼」だとは、どうも世間は言いたくない様子だ。テレビ番組で、「(鳥類の)ハヤブサは地上の餌を一瞬で取り、空へ帰るのも素早いから、この探査機をハヤブサと命名した」と無理な後付けをするコメンテーターがいた。困ったものだ。戦闘機がそんなに嫌なのだろうか。それとも、まだGHQの自縛が解けていないのだろうか。ともあれ、小惑星探査機「はやぶさ」や「イトカワ」の源流は中島飛行機にある。

昭和五年、中島知久平は政界進出を決意した。

中島飛行機研究所には、陸軍、海軍から軍用機の注文も来るようになり、経営的には安定していたが、軍部の大鑑巨砲主義の体質は相変わらずだった。知久平はことあるごとに軍部や政界に出向き、「すぐに航空機の時代が来る。戦闘機の時代が来る。量産が必要だ。航空第一主義に政策転換をしないと国が滅びる」と熱弁を重ねた。しかし、大鑑巨砲が最良と思い込む石頭の高官たちは動こうともしなかった。

知久平は考えた。

―こんな石頭にいくら説得しても通じない。それなら自分で政界に出て大臣になって、石頭に号令するしかない。

これが政界進出を決意した知久平の全てだった。

同時に知久平は中島飛行機の経営から一切手を引くことも決心した。営利企業の経営者が自社の利益拡大ために政界活動をすると思われてはいけないからだ。飛行機は中島でも三菱でも川西でもいい。日本は飛行機で武装しないと滅びてしまう。その一念である。

昭和六年、個人会社だった中島飛行機製作所は株式会社に改組、資本金千二百万円の中島飛行機株式会社となった。設立の新会社、中島飛行機の経営陣に知久平の名はない。従って知久平は、登記上、中島飛行機の創業から廃業まで一度も社長をしていない「大《おお》社長」だったわけだ。

ちなみに中島飛行機は世界的航空機産業になっても株式を公開していない。終始一貫、非上場だったのは知久平の苦い経験からだ。

それは大正七、八年の中島飛行機研究所創立直後の苦悶の時代、出資者の川西清兵衛との対立にあった。川西財閥の川西は出資、中島は技術を担ったスタートだったが、突然、川西は経営方針の違いを理由に知久平の社長解任を決議して知久平を追放した。対立軸は明白、金を作りたい営利本位の川西、飛行機を作りたい品質本位の知久平。相容れることはない。結果、川西清兵衛は知久平を捨て、中島の技術者を引き抜き、自身で川西機械製作所航空部を神戸市で設立した。大正九年のこと。数年後、それが川西航空機株式会社となったわけだ。

この事件が知久平のトラウマとなり、資本を他人に頼る怖さを生涯、回避したのである。後々のことから見ると、これは良しとばかりとは言えなかった。

知久平にとって金主元《スポンサー》の顔色を見ずに好きな飛行機を造れる満足は得たが、日本の将来を左右する生産量を担う大資本は個人企業では無理だった。大増資が必要。ここで株式の公開をすれば容易に市場からの資金調達が出来たが、例のトラウマがあった。結果、政府保証の命令融資を日本興業銀行から受けた。それらは興銀の融資残高の2割近くに達し、戦後の「中島が生き残るか、興銀が生き残るか」の戦いになってしまったのだ。

歴史に「たられば」はないが、中島飛行機がもし上場会社だったら、GHQによる過酷な解体も受けず、戦後も「中島」の社名のまま大自動車会社になっていただろう。

さて、群馬一区で立候補した知久平はトップ当選、衆議院議員になる。

以後、立憲政友会所属の代議士として積極的に軍部寄りの革新派を形成して力をつける。「国政研究会」や「国家経済研究所」を設立。学者、知識人を講師に呼び、政界人や官僚に政治経済情勢を研究させた。これは航空機戦略など近代戦の時代が既に来ていることを認識させようとしたのだ。

昭和十四年には、分裂した政友会中島派の総裁に就任するが、これは政友会内部の若手議員のさらなる混乱、分裂を防ぐためのもので、知久平の本意ではなかったという。知久平は政争や政治家的権力には興味を持っていない。

知久平は歯に衣を着せず予言を繰り返した。

日本は、欧米諸国の航空兵力の増強を直視していない、と政府、軍部を激しく攻撃、「航空戦の時代がすぐに来る。陸海軍から独立した空軍省を新設して空軍を持つべきだ」と主張した。政府は空軍新設など激しい提言に大慌てだった。また、「日本とアメリカとの国力の差は段違いだ。戦争など無謀だ」と公に言い放ち、批判の嵐に遭う。

日米戦争に消極的な知久平を弱腰と罵《ののし》る者もいた。しかし知久平は、「東條秀樹の頭は陸軍上等兵並だ」と猛反論、大騒ぎにもなった。

典型的な発言は、「米軍の大型爆撃機が量産されれば、日本は焼け野原になる」だ。これには憲兵隊が逮捕を検討したという話もある。

今になれば知久平の予言はみんな的中している。

政界での知久平は、商工政務次官、鉄道大臣を務めた。終戦直後の東久邇宮《ひがしくにのみや》内閣では軍需大臣、商工大臣を務めた。その後、日本主導の復興を主張する新党の設立を目指すが、昭和二十年九月にA級戦犯に指定されて断念した。

A級戦犯に指定された知久平は、東京・三鷹の泰山荘《たいざんそう》（旧中島飛行機三鷹製作所、現国際基督教大学）に隠遁《いんとん》していた。GHQの呼び出しにも「糖尿病で外出できない」と言って応じなかった。

こんなエピソードがある。

昭和二十二年三月、知久平の愛娘、久代が結婚、上野の精養軒で挙式することとなった。どうしても娘の結婚式に出たい知久平は、GHQに外出許可伺いを出した。GHQは「上野まで来られるのなら巣鴨にも来られるだろう。上野の帰りに巣鴨に出頭するかい？」。これには、さすがの知久平も首をすくめた。

巣鴨とはA級戦犯容疑者が収容されていた巣鴨拘置所である。とうとう知久平は裁判には一度も出廷せず仕舞いだった。

数日前まで大臣を二つも兼務していた知久平である。突然の糖尿病は誰の目にも仮病がバレバレだった。が、GHQも厳しい追求はなぜかしていない。

仮病の知久平は泰山荘で紙を広げ、「未来の飛行機はこうなる。宇宙に人が飛んで行くだろう。すぐに原子力の時代が来るだろう」と予言をしていた。

二、藤森正巳

開発技術者にとことん拘《こだわ》る知久平だが、一人だけ毛色の変わった男に惚れこんだ。藤森正巳である。

昭和六年正月、山本英輔海軍大将が知久平に藤森を紹介した。

「近年まれに見る逸材だ。必ず中島さんの、否、日本のためになる男だ」と山本は強力に藤森を推挙した。しかし知久平は、この推薦を歓迎してはいなかった。知久平の欲しいのは技術者、設計者。いくら秀才でも海軍中尉の予備役に興味は薄かったのだ。

藤森は海軍兵学校第五十四期生。兵学校当時の写真をみると襟にチェリーマークが二個ついている。チェリーマークは学年の首席に与えられる襟章。在学三年のうち二年は首席だったわけだ。卒業時は成績優秀者に贈られる恩賜《おんし》の短剣も授与されている。

頭脳明晰で根っからの秀才と思える藤森だが、一癖も二癖もある根性者だ。また、その独創的な発想力は並外れたものがあった。この藤森の発想力が中島飛行機の成長に大いに貢献したのである。

山本英輔は連合艦隊指令長官を務めた海軍大将。藤森との出会いは大正十五年、海軍兵学校を卒業し、軍艦「出雲」に乗組み、欧州各地を遠洋航海した時である。

山本は司令官、藤森は少尉候補生。巡洋は、アテネ、スペインの地中海各地からアフリカ東海岸諸国を廻り、ローマ、マルセーユ、パリへ、そしてインド洋各地を歴訪するものだった。

航海中、山本司令官は見習士官たちに、「これが海戦の最中だとして、あの岬の裏に敵艦隊がいたとすると、君はどう出るかね」などと戦術問答をして指導していた。多くの下士官たちは、風向き、水深、戦力など兵学校で習った優等生の答えをする。その中、山本が予想もしない突飛とも言える戦術を提唱するのが藤森だった。

三ヶ月の航海の後半は、山本の傍にはいつも藤森がいて戦術問答をしている。山本が難問を出す。藤森が答える。山本がへそ曲がりな応答をする。藤森は口をとがらせて早口で理屈をこねる。山本が笑う。そんな光景が軍艦出雲の艦橋で連日繰り広げられていたのであった。

すっかり山本は藤森の才能を認め、藤森はまた、山本に私淑《ししゅく》していった。

昭和十一年の二・二六事件の際、山本英輔は首相に推された。山本は組閣を準備した。この時の閣僚名簿に内閣書記官長（今の官房長官）として藤森正巳の名前があった。連絡を受けた藤森はモーニング服を用意、直ぐにも上京できる体勢で待った。しかし、首相は広田弘毅外相になり、山本内閣は幻に終わった。

これが実現していれば三十一歳の藤森官房長官が誕生していたのだ。山本と藤森の信頼関係の深さを表わす話だ。二人の親密な関係は昭和三十七年七月二十七日、山本が亡くなるまで続いた。

昭和五年二月、事件が起った。藤森が海軍に「退官願い」を叩きつけたのだ。

当時、藤森は海軍中尉。海軍には『海軍現役軍人結婚条例』というものがあり、将校は結婚をする際、海軍大臣の許可を要した。藤森の「伺い」は却下された。彼の結婚相手が料亭の娘だったからだ。理由は「品位に欠ける」。これに藤森は承服できない。

「娘の親の商売を観念的な見方で優劣をつけるとは納得できない。海軍はもっと視野が広くリベラルじゃなかったのか！」

藤森はそう正論を飛ばすが、本音はちょっと違う。

「俺が決めたことは誰にも邪魔させない。俺が決めたことを拒否するやつは許さん。たとえ海軍でも許さん。」

これが藤森なのである。一旦、怒り出したら止らない。やると決めたら損得抜きで突っ走る。それが彼の長所であり短所である。

「なあ、藤森。その娘さんをどこか親戚の養女にして、もう一回、伺いを出し直せ。許可を取るようにするから」

と上官が言ったのが、意地っ張りの藤森の肝に触った。まさに火に油だ。藤森はさっさと海軍を出て行ってしまった。

それを後で聞いた山本英輔大将。ちょっと慌てたが藤森の性格もよく分かっている。もう一回、海軍に戻れと言っても聞くまいと思い、

「お前の才能は海軍に必要だ。海軍の役に立つ会社を紹介するから、そこに就職して海軍のために働け」

と言ったが、これも藤森は固辞した。理由は、「私は海軍が許可しない女房を持つのだから、そんな男と関わると山本大将にご迷惑がかかります」だった。

山本はこう言った。

「俺の叔父は海軍大将で総理大臣も務めた山本権兵衛だ。大勲位で、一級伯爵でもある。だが、権兵衛の女房、登喜子は元遊女だ。遊郭から権兵衛が足抜けさせて結婚した。知っているだろう、この話。藤森君、君は余に、そんな叔父とは絶交しろと言うのかね」。

藤森に返す言葉はなかった。山本は続けた。

「君の婚約者は料亭の、それも娘さんだろ。何を意地を張っているんだ！　権兵衛に笑われるぞ」。

藤森は深々と頭を下げた。そして、山本の紹介状を携えて群馬県太田町へ。中島飛行機の知久平の許へ向かったのであった。

蛇足を書けば、当時の遊女や芸者というのは、今で言えばタレントか女優。あるいはモデル。男の憧れの的だった。遊女や芸者と一緒になることは、もてる男の証明だったとも言える。現在の感覚で見てはいけない。

さて、最初は藤森のことをあまり買っていなかった知久平だが、その独創的な発想に注目するようになり、すぐに頼りとする存在になっていた。加えて、藤森を頼るようになったのは、ちょうどこの時期が中島飛行機が曲がり角にあったことも一因だ。

知久平の政界進出である。

知久平は経営から退き、あとは弟の喜代一《きよかず》と乙未平《きみへい》に任せる。幸い、東京帝大出の吉田たちも中島に落ち着き、技術面は心配ない。昭和六年十二月、中島飛行機株式会社設立（改組）。同時に知久平は経営から退き、政界へと転身した。

藤森が中島に入社したのは昭和六年一月。この改組が同年十二月。知久平は藤森の顔を見ながらこれを決断したとは言わないが、藤森の存在が一つの安心感に繋がっていたことは想像に難くない。

と言えるのは、中島飛行機という会社を支えているのは佐久間一郎、吉田孝雄、三竹忍

藤森正巳
(1905～1977)

といった技術者、設計者ばかりである。また、知久平も弟の喜代一、乙未平も技術畑で、中島の経営陣に事務畑、人事畑の人は皆無だった。いくら技術開発至上主義の知久平でも、このアンバランスには気が付く。

帝大出の技術者は自分の研究分野では素晴らしい才能を発揮するが、他の分野にはあまり興味も示さないのが常だ。早く言えば視野が狭い。もっとも、それでなければ人並み以上の発明、開発など出来ない。それが欠点とは言えない。一方の藤森は広いものを俯瞰《ふかん》する力を持っている。そう知久平は睨んでいた。

知久平は夢想家であり予言者である。その確たる予言で会社の方向を決め、発展して来たといえる。

「技術屋の夢想ばかりではいかん。中島には現実的な判断が出来る経営者がいなければ行き詰まる」。

知久平はそう予言した。

この頃の中島は社員も一千人を超している。それなりの管理体制も必要になっていた。

そこで、工程管理、人事管理など帝大出の技術者が苦手な分野に藤森を投入することにより、生産管理体制を構築しようとしたのである。

三、藤森のアメリカ視察

知久平は藤森にアメリカ行きを命じた。ダグラス社やフォード社など世界のトップ企業の工場生産体制の視察が主目的である。だが細かい指示はしていない。「自由闊達《かったつ》に仕事をする」中島流である。この藤森のアメリカ視察の成果が中島飛行機を大きく前進させたのであった。

アメリカに渡った藤森は船から降りた桟橋で暫く空を眺めていた。眺めていたというより度肝を抜かれて、ぽっかり口を開けて空を見ていたと言う方が当っている。アメリカの空にはひっきりなしに飛行機が飛んでいたからだ。凄い……、これ以上の感情は持てなかった。

次に藤森が度肝を抜かれたのはフォード社の工場生産風景だ。

藤森はＦ・Ｗ・テーラーは本で読み、また、システムを導入していた三菱電機神戸製作所の扇風機工場も見学していたので多少の知識はあった。だが、自動車など大型製品の分業作業風景には圧倒された。これが「本物のテーラーシステムだ…」。それを見せつけられたのだった。

旧来の工場は、各作業工程に親方がいて、親方は自分の裁量で弟子や工員に仕事を割り振り、自分のやり方で仕事を進めていた。だから作業内容や結果は親方次第でバラバラ。品質も生産量もバラバラ。それが当たり前になっていて、工場管理者がそこに口を挟む余地はなかった。

それに対し、出来るだけ作業を細分化、単純化する。工具も標準化して熟練工でなくても簡単に工具を使えるようにする。すると、一定の作業が、誰でも一定のリズムでこなせるようなる。作業内容の合理化である。生産も効率的に管理できる。それがテーラーシステムである。

藤森はこのシステムを中島飛行機の工場に導入すべく眼を凝らし、メモを走らせた。

更に藤森は大量生産に必要なトランスファーマシンをアメリカで買い付けて徹底的に

研究、同様なものを国内メーカーに作らせた。わが国の大量生産方式導入の先駆けである。

トランスファーマシンとは、自動化された専用機械を加工順に配置し、工作物を自動的に移送する装置によって関係機械を連結した設備である。簡単に言えば、工作機械のベルトコンベアーである。

現代の工場では、ごく普通になっているテーラーシステムやトランスファーマシンだが、藤森はこれを昭和十三年、中島の小泉工場にまず導入して実績を収めた。

この功績で藤森は、「飛行機増産ノ功により」勲六等瑞宝章を受章した。軍人でも役人でもない三十六歳の若い男の勲六等瑞宝章受章は異例中の異例であった。

その後、藤森は、このシステムやマシンを半田製作所で本格的に採用、これが飛行機の大量生産に直結したのである。


アメリカ視察中に藤森はダグラス社のＤＣ４に注目、熱心にその性能を調査した。そして、その買い付けにも関わった。

ＤＣ４は四発エンジンで千四百馬力の大型旅客機。乗員乗客四十七人を乗せ、七千㎞の航続飛行が可能な大型旅客機だ。藤森はＤＣ４を見ながら超大型爆撃機構想を思い浮かべていたのである。

藤森のアメリカ滞在中の昭和十二年八月、日中戦争が勃発。急ぎの帰国を余儀なくされた。約五ケ月の滞米だったが大きな成果を挙げた。


帰国後、知久平と藤森がこんなやり取りをした。最大の話題はアメリカの圧倒的な工業力についてだ。そして既に日米関係も相当に険悪になっていたこともあり、対米戦争も既に想定内、それも話題になった。

「滞米中にダグラス社のＤＣ４を研究してみたのですが、あれより大きな飛行機を造ることは難しくありません。ダグラスＤＣ４の航続距離は七千km弱。少し工夫すれば一万二千kmを給油なしで飛べます」

「一万二千km飛ぶとどうなるんだ」

「アメリカ本土に到達します」

「工夫とは、どうする考えだ」

「ダグラスＤＣ４は四発エンジンです。こちらは六発にすればいい。アメリカ本土を空襲できます」

藤森がそう言う。知久平は、

「なかなか面白い。でも今は戦闘機だ。大きな爆撃機を一機持つより、小型戦闘機を百機持つ方が今は有効だろう」。

この会話は、これで終った。

しかし奇想天外に思える大型爆撃機構想は知久平の脳裏にずっと残った。

後の「富嶽構想」である。その「富嶽」については、後の項で詳しく書く。

なお、ダグラスＤＣ４の買い付けは成功、昭和十四年に帝国海軍がダミー会社の名で九十五万ドル（約二百万円）で購入した。飛行機はすぐ中島飛行機に渡され、中島が解体、研究して大型軍用機製造の参考にしている。

第三章　終戦直後の混乱

一、処分に困る大金

八月十五日の中島ノートをみると、藤森の周辺は落ち着きをやや取り戻している様子だ。記述も乱暴な散らし書きでなく、通常の文章に変わってきている。政界、軍部は相変わらず大混乱しているだろうが、中島上層部の腹はそれなりに固まったようにみえる。

ひとつ注目は、十五日付けのノートを藤森が書いた時間帯は、十四日未明から十五日午前中だったこと。それは「正午ノ放送後ニアルデアラウ軍需大臣命令ニ準拠・・」の一行で分かる。

中島飛行機は終戦の宣告が十五日正午のラジオで放送されること、続いて各大臣から様々な命令、通告が関係箇所に成されるであろうことを知っていた。

そして正午、中島は他の大企業などと違った行動を取っている。

日本の大企業のほとんどは、正午の玉音放送に際して社員を一定の場所に招集、整列をさせて放送を聴かせているが、中島飛行機半田製作所は、招集どころか社員や動員工らに「玉音放送がある」という通知もしていなかった。

中島の上層部にとってこの放送は、内容も分かりきったセレモニーとみたのか、それどころではない、と考えていたのか。ともあれ、中島と軍部は良い言葉でいえば情報を共有していた。悪く言えば、つうつうで、づぶづぶの仲だったようだ。

十五日正午、半田市の役所や中学校などは招集された人たちが正装で起立をし、玉音放送を聴いていた。しかし半田市の人口の三割以上を有する半田製作所は、ほぼ無反応でこの時間を迎えていた。

たった一台、半田製作所の正門の守衛所前にラジオが置かれ、放送は流れてはいた。通りすがりの数十人の人は、訳もよくわからずにそれを聴いていた。

玉音は昼の青空に吸い込まれていった。

さて、八月十五日付けのノートをみてみよう。

十四日ヲ以テ支払発注ヲ停止、ソノ間 不良品 仕掛品ナド持込ムコト等ナキ様
廠内ノ制度秩序ノ維持ノタメ従来ノ長、部課工場長ハ生カス
長官以下各廠長本部長ハ官吏ノ辞表ヲ出シタ　但、中島飛行機ニ復帰シタモノデハナイ
地下工場　機械ハサビル　使ハスオク訳ニユカヌ　コレニ対スル方法ハ
機械ハ中島ニカヘルモノデアルカラ大切ニスル　（機械ハ中島飛行機ノモノ）国ノモノデハナイ　協力工場貸与機械モ同上

何度も同じことを書くが、この記述は終戦の布告をされる前のものだ。「支払発注ヲ停止」は分かる。「廠内ノ制度秩序ノ維持」の指示も分かる。だが、「官吏ノ辞表ヲ出シタ」や「地下工場　機械ハサビル」の心配は十四日現在では早すぎる。また、十六日付けのノートでは、はや「富士産業」という社名が出てくる。これは、戦後に解体された中島飛行機

の新しい社名である。既に変更社名も「富士産業」と決まっていたわけだ。
いったい何日前から中島は終戦情報を得ていたのだろう。
こんな秘密事項もノートされていた。

作リ直スコト（空襲被害　機体　燃料　七月二四日）報告ノ数字ガ合ハヌ　飛行場ニ
アルモノ（彩雲九　天山五）・・彩雲一二
総務部長（本部）ノ命令　六号棟ニアル機体装備済発動機　実数ヲ合ワスコト
八月五日付　空襲被害事后措置ノ件回答
七月廿七日付　一軍工三廠 機産第九二九　空襲被害状況報告
コレラヲ比較対照　正シキモノニ

昭和二十年七月二十四日に半田製作所は米軍に空爆され甚大な被害を受けた。半田製作所はこれで終ったと思われるほどの被害だった。
その空襲被害報告を作り直せと指示している。「数字を合わすこと」が目的の指示だが、何の為に、誰に出す報告書なのか、これだけでは分かりにくい。だが、この訂正は「戦時補償」を得るため、「(機械、資材などが破壊されたことにして) 中島の資産を少なく計上」するためだったことが後で分かる。つまり、一般人が昭和二十年初冬にならなければ、とても分からないことを中島は終戦前に知っていたことだけは書いておく。


そして、ここに書いてよいかどうか迷った記述が次のものだ。

固有名詞も多く、内容があまりにもナマなので前後は省いておくが、

従ッテ九月分経費五〇〇〇万円不要ニシテ…(略)…イカニナルカ通知アリタシ

十六日の記述の一部である。

中島飛行機は毎月十五日が支払日だった。今と違い銀行振り込みがないから、全て現金払いである。関連の記載から、毎月十五日前に社員の給料や手当に充てる金額と、十六日以降に発生する翌月度の経費に充てる現金が半田製作所に届けられていたことが分かる。この八月十五日も例月同様なことがなされていた。

例月なら問題のない通常業務だが、この日は違う。昭和二十年八月十六日をもって、こ

の会社は第一軍需工廠でも中島飛行機でもない。会社がなくなるのだ。だから十六日以降の経費は発生しない。不要だ。その金額が「九月分経費五〇〇〇万円」。この現金をどう処理するかを本部に問い合わせた文言の控えがこの一行である。

　もう少し丁寧に書くと、この五千万円は、八月十五日までは日本帝国の金だ。しかし、翌十六日には日本帝国はなくなり連合国に領有される。だから、この金は連合国の所有物となってしまうだろう。ただ、むざむざと取られたくない。その取り扱いに苦慮しているのが、このやり取りなのだ。


　当時の五千万円を現在の貨幣価値に換算。それはとても困難だ。だが、物価や当時の労働者の給金などから強引に探ってみると、現在との比較は、凡そ一千倍から二千倍だろう。仮に一千倍にすると、当時の一円は現在の一千円、一万円は一千万円。したがって五千万円は五百億円となる。膨大な金額だ。

　半田製作所の経理責任者を務めた石井亮三氏に聞いた。

「それくらいは要った。給金や手当、食材の購入。原材料費や外注費。それに借り上げの宿舎や寮の賃貸料も現金で支払いに行った。大きな企業は小切手だが、他は現金だった」。

「そんな大金が現金で動いたの？」と聞くと、「興銀名古屋支店の行員がリュックサックで運んで来た。それを中島の会計がリュックに入れて、支払いに回った」と言った。

中島は、近隣の山田紡績や都築紡績の大工場を借り上げて部品工場にしているが、その賃借料を覚えている？　と石井に聞くと、

「ぼくが賃借交渉の責任者だったのでよく覚えている。都築紡績は月額二万五千円。東洋紡は賃貸でなく土地建物全体の買収。一千七百万円だった。山田紡績だけは本社管轄。何か言いにくいことがあったようだ」。

山田紡績の山田耕市会長に、このことを聞いてみた。

「賃貸の金額は正確には覚えていないが、こんなに貰っていいの、という印象だった。支払いは二ケ月に一回だったよ。なぜ二ケ月に一回なのかって？　多分、お札の印刷が間に合わないのだろうよ」。

そう冗談を言うと山田は声を出して笑った。

石井に、山田紡績の賃借料は隔月支払いだった件を聞いた。

「そんなことはない。家賃は毎月支払っていたよ」。

後で分かった。山田紡績の賃借料は毎月支出されていたが、一回目は山田紡績に、次の月の分は別の所に送られていた。つまり月額家賃とされる金額は二ケ所に交互に送られていた。それが事実ならば、別の所は、「政友会系の政治団体」だったとしか思えない。

こんなやり取りをしていた時、石井がしみじみと言ったことを覚えている。

「中島は用地買収から建物の賃貸まで前面に出た。それが後年、禍《わざわい》した。三菱重工は新工場に進出する際、官が工場を建てる。そこに三菱が入って経営するという官設民営方式だった。中島はすべて品質本位の一貫性に拘ったから戦後苦しんだ」。

経理マンの石井らしい分析だ。石井の言うような官設民営方式を採っていれば、中島の戦後は三菱並に楽だったのに。

さて、「九月分経費五〇〇〇万円不要ニシテ（略）イカニナルカ通知アリタシ」の通知がどうあったのかが気になる。

十八日に本部より次の返信があった。

（その金は）職員工員ニ対シ退職手当支給ニ充テラレタシ　但、支給額ノ一割ヲ中島ニ残スコト　残金ニツヒテハ会社ノ預金ニナスコト絶対不可　小切手ニスルモ不可　没収ノ恐ナキ名義ノ預金口座モ不可　現金ニテ適時保管セラレタシ

退職手当金の受給対象者は約一万二千人との記録。当時の退職金規定から概算すると最大、最高額に見積もっても、二千万円ほどで足りる計算だった。残金は三千万円はある。その金額を「現金デ適時保管セラレタシ」の指示だ。この時代、最高額紙幣は百円札。即ち、百円札が百枚の札束で一万円。それが三千束となるわけだ。

数日後に進駐軍が半田製作所の調査に入ることは分かっている。本部よりも「近ク連合国側工場調査委員に依ル工場調査ノ実施セラルルノデ　下記ノ項目ヲ十分ニ注意セラレタシ」の指令があり、その注意項目にも「多額ノ現金ハ没収ノ恐レ」もあった。

この夥《おびただ》しい量の現金は中島が借り上げていた重役用の社宅に運び込まれた。座敷に二間幅の押入れがあった。そこに仕舞われていた布団を出し、札束を詰め込んだ。二間の押入れが札束でいっぱいになった。

この三千万円の金は新しい中島飛行機の復興資金にする。これは絶対に失うわけにはい

かぬ。藤森はそう固く決心していたのである。

二、飛行機の破壊、滑走路の破壊

進駐軍が半田市に入った。

まず、半田市乙川地区の丘陵部にある中島飛行機の、一の草寮を押収した。ここは中島所有の住宅や寮の中で一番広く、舞台付きのホールもあった建物だ。寮の周辺には米軍独特のカマボコ型のテントがいくつも建てられた。

道を米軍のジープやトラックが砂埃をあげて走る。町の人は家の陰から米軍の行動を恐々と見ていた。

八月二十八日。横浜に連合国軍最高司令官総司令部（ＧＨＱ）が設置された。

八月三十日には、ＧＨＱ司令長官、マッカーサーが厚木飛行場に到着した。

九月二日、ミズーリ艦上にて降伏調印がなされた。

それを待っていたかのように、連合国の工場調査委員団が半田製作所に入った。リーダーは米軍の将校。百人もの武装した兵隊を連れていた。九月三日のことである。

まず、帳簿類の押収。残存設備や機械什器《じゅうき》のチェックをする。仕掛品や資材、材料は、あらかじめ一ヶ所に集められていた。

軍需転用されそうなものは押収、または破壊と決められていた。

米軍下士官数名が手際よく作業を指示、事務官のような男がメモを取っている。写真班が撮影をしている。

日本側は芦澤彩雲組立工場長らが立ち会っていた。

終戦当時、「彩雲」は完成機が九機あった。仕掛機で飛行機の形になっているものが、さらに十四機あった。「天山」の完成機が五機あった。

米軍の通訳が芦澤に言った。

「外の空き地に全部の飛行機を運び出してください」。

芦澤は、「It agreed」と、わざと英語で答えた。「承知した」の意味だ。芦澤は、俺たちは英語も出来る。お前たちの会話はみんな聞いているぞ、と見得を張ったのだ。「お前たちアメリカには、まだ負けていない」との思いも込められていた。

中島の社員が飛行機を運び出す準備をした。

運ぶのは牛である。牛が飛行機の尾翼に結んだロープを引っ張って動かす。尾翼が前、主翼が後ろの見慣れない姿勢でゆっくりと移動してゆく。

正規の製造中にも組立工場から一《キロ》ほど離れた飛行場の滑走路まで飛行機を運んだのも牛たちだ。大空を時速五〇〇㎞超で飛ぶ飛行機だが、陸地では牛に尻から引っ張られて、とぼとぼと歩いているのだから滑稽な光景である。


空き地にはガソリンで焼かれる運命の「彩雲」と「天山」が並んでいた。間もなくスクラップになる飛行機だが、機首を揃えてきちんと並べられていた。

芦澤は、どうせアメリカの手で屑にされるのなら、自分で壊してやる、とハンマーを持ち出し、機体に振り下ろした。精魂込めて作り上げた飛行機だ。今までは少しの疵《きず》も許さず磨き上げて来た「彩雲」である。

その思いを断ち切るように叩いた。叩いた。力一杯、叩いた。

だが、機体は鈍い音を出すだけで壊れなかった。

それを見て米兵は声を出して笑った。芦澤はへなへなと座り込んだ。

すべての飛行機が破壊され、消滅した。一、四一七機を製造した中島飛行機半田製作所に飛行機は一機もなくなった。

今度は飛行場の破壊である。芦澤が案内役だった。

芦澤は、「気が動転していたのだろうか。どの道を通って飛行場まで行ったのか、これは業務命令だったのかも覚えていないが、米軍将校が言った幾つかの言葉は、はっきり記憶している」。

飛行場へ向かう時、彼らは工場の破壊具合を見て、「(爆撃の精度は) あまり良くなかった。もう少し被害が大きいと思っていた」。そして、「九月にもう一度、ここを爆撃する予定だった」と言った。

碁盤状に爆破された滑走路。滑走路右手の多数の穴は７・２４の空爆のもの。＝米軍撮影

滑走路には碁盤の目のように爆薬が仕掛けられた。合図とともに爆薬はバトンリレーのように規則正しく爆発を繰り返し、滑走路には夥しい穴が開いていった。

東洋一の理想的な軍用機製造工場の終焉《しゅうえん》である。一番機を飛ばして以来、わずか一年八ヶ月の命であった。

三、GHQの調査員

日本中の軍需工場をことごとく解体して、再軍備をさせないというのが連合国の明確な方針であった。

特に高性能飛行機、高性能エンジンを次々と開発した中島飛行機に対する米軍の目は、極めて厳しかった。中島がジェット機を試作し、試験飛行までしていることも掴んでいた米軍は、専門家を多数投入して中島の技術を多方面からチェック。設計図をはじめ工具や製造マニュアルまで押収した。当時の日本の軍用機の設計製造技術の大半は中島飛行機に集中していたから当然のことだろう。

いよいよGHQの調査員が来る日が決まった。

各工場内の真ん中に山のように積み上げられた資材。飛行機の胴体になるジュラルミン系の材料。夥しい数の木箱には、ビス、ナット、リベットが入っている。

GHQの方針は、軍需転用できる資材や部品はすべて押収または廃棄と決まっていた。また、飛行機に使用する精密機器やその関連の工具も廃棄の対象だった。

藤森はこれらの資材や工具を守るため腐心。工場に残存の工具や資材が民生品の製造に必要だと調査員に分からせるため、鍋や釜などの日用品、鍬や草刈鎌などの農具を造らせていた。8月下旬から大至急扱いでの作業だった。

ノートにこのような記述があった。


近ク連合国側工場調査委員ニ依ル工場調査ノ実施セラルル場合アルベキヲ顧慮シ至急左記説明資料三通宛作成シ 内一部ハ本部ニ送付スベシ

記

一、建物表　（所在、名称、坪数）
二、機械装置表（産業機械ヲ含ム）　（所在、名称、型式、台数）

三、材料表　（所在、品種、数量）
四、飛行機又ハ発動機ノ在高表
五、主タル半製品ノ状況表（所在、名称、数量）
　追而右説明ニ当ルベキ担当者ヲ各綱目毎ニ数名宛決定シ置クコト
以上

そして次のメモが藤森のノートにあった。

内容は、連合国調査員に対する「説明ニ当ルベキ担当者」へ、調査日当日の想定問答や応対をレクチャーするためのものと思える。

機械、資材を出来るだけ残したい、守りたいという狙いそのものである。

何時、何処へ、何程置イタト言フ事ヲ明瞭ニ言フカ　出方ヲ探ル
原会社ヨリノ借上設備及機械等ハ原会社ニ復帰スルムネノ書面ヲ
資材ハ努メテ民需ニ振向ケル如ク処理ス　機械器具等ハ適宜処理ス
貸付機械ハイ、加減デイ、　協力工場ニ貸付中ノ機械ハ除クモ可　製品、半製品ノ

金ヲ取リニ行ッタダケ　帳消ハモッテノホカ　多少ノ隠匿ガ協力工場デアッテモオカシクナイ

精密工具、dimond tool, Limit gangi コレ等ノ保管方法ハ特ニ厳重ニスル

飛行場ハ破壊サレヨウカラ　スグ農耕ヲ始メヨ

読みにくいが十分に意図は分かる。

本工場内にある機械設備は原会社（＝中島飛行機）から第一軍需工廠が借り上げたもので、終戦の今、原会社に返還する契約だ。その旨の書面もあるので押収されると困る、と訴える。（その書面は既に作ってある。）

資材は「民需ニ振向ケル」ので、残してほしい。協力会社に貸し付けている機械は「（どうせ調べがそこまでは及ばないだろうから）イ、加減デイ、」し、「除クモ可」である。（もし、ばれたなら）協力工場で機械や資材の隠匿があったことにしてもいい。

そして「製品、半製品ノ金ヲ取リニ行ッタダケ」の記述は、どう読めばいいのだろう。推理するに、既に内緒で、協力工場にあった貸付機械を他の場所に移動している、それを米軍に咎められたら、そう返答せよ、と考えると謎解きはできるが…。

いずれにしても、かなり思い切った指示だ。

メモにある「精密工具、dimond tool, Limit gangi 」の詳細は不明だが、相当に大切な工具なのだろう。特に保管（隠匿）を厳重にして押収を避けろ、と指示している。

破壊された飛行場で「スグ農耕ヲ始メヨ」は、滑走路も農地に転用、平和に暮らし始めた様子を調査団に見せたいのか、それとも現実に食料が不足していたのかは分からないが、面白い一文である。

鍋や釜を作り、これを見よとばかりに並べて置く。飛行場では農耕を始め、滑走路は畑に変わりつつある。まさに涙ぐましいばかりの過剰な演出だが、藤森らは懸命に出来ることをしていたのだ。

そして調査団が工場内に入った。まず、機械、資材の説明を受ける。中島の説明担当者はかねての打ち合わせ通り、「これは民生品になります」、「日用品にします」と汗びっしょりになりながら懸命に調査員を説得する。しかし、調査員の返事は「NO!」が多い。

中島にとっては、質のいい材料や高性能の機械は残してほしい。米軍の方からみれば、質の良いものを残すと危ない。なかなか妥協点は見い出しにくい。特に中島が最後まで拘ったジュラルミンの資材と大型プレス機械は軍用機製造に転用できるから、「NO！」で押し切られてしまった。

調査団はトラックを工場の入口に付けて資材を運び出す構えをみせた。その時である。藤森が長身の男を連れて小走りで駆け寄って来た。

長身の男は森信蔵《のぶぞう》。この時は半田市議会議員である。森は流暢《りゅうちょう》な英語で調査員に説得を始めた。しかし調査員はなかなか首を縦に振らない。かえって「うるさい」と、頑なになる場面もあった。

そんな展開になることを森は百も承知のようだった。

今度は自分がアメリカのボストン・ユニバシティとプリンストン大学を卒業したこと。アメリカに二十六年も住んで、新聞記者をしていたこと。そんなことを話し出した。

そんな話に無関心だった調査員だが、森が市会議員であることと、「ホワイトハウスにも、財界にも人脈がある」の言葉に反応したようで、調査団の団長を呼びに行った。

調査団長の将校が来た。ウィリアム少佐だった。少佐は開口一番、こう言い放った。

「俺たちは決められたルールに副《そ》って仕事をしている。邪魔をしないでくれ。君たちの希望を聞いている暇はない。決めるのは俺たちだ」。

きつい言葉だ。だが、相手は耳を貸した。

森は話した。

「ぼくはアメリカに憧れて一人でボストンに。金がないので働きながら大学に通った。勉強はしたいが腹はペコペコ。そんな毎日が限界に来て、日本へ帰ろうと思った時、ボストンの人がぼくを救ってくれた。ハウスボーイに雇ってくれた。そして、ぼくは二つの大学で学ぶことができた」

「それはラッキーだったな」

「ぼくは二十五歳の時にアメリカに渡り、五十一歳まで暮らした。ぼくは半分、アメリカ人だ。アメリカの良さも悪さも知っている。もちろん、ぼくは日本人だから日本の良さも悪さも知ってる」。

森は、日本人は受けた恩を忘れない人種で、そして約束はしっかり守る人種だということを強調して少佐に話した。

「少佐、この工場を見てほしい。屋根も壁も吹っ飛んでいるだろう。七月二十四日に米軍に爆撃されたのだ。人間も二百人近く死んだ。死者は全部、民間人だ。子どももいた。たった一ヶ月前の出来事だよ。それなのに彼ら日本人は、今、何の抵抗もせず、あなたたちの指示に従っている」。

分かってほしい、と森は少佐の目を見て言った。

少佐は小さく頷いた。森は続けた。

「ここにいる総ての人は民間人だ。そして総ての人が腹を空かしている。彼らには何の戦争責任もない。ウィリアム少佐！、お願いだ！　彼らをこれ以上飢えさせないでくれ！」。

そして森は力を込めてこう言った。

「彼らは戦争に疲れている。もう逃げ回る気力も体力ない。無事に平穏な明日を迎えることしか望んでいない。明日を生きるために資材を置いておいてほしい」。

少佐は、工場の中と人々の様子を眺め、そしてじっと森の目を見た。

森はたたみ掛けた。

「少佐！　あなたの素晴らしい決断が美談となり、日本人の心に長く残るだろう。そして、ウィリアム、あなたがヒーローになって欲しい」。

少佐は苦笑いを浮かべて、森にこう言った。

「It is your win.　君の勝ちだ」。
○

国際政治記者として、ボストン、ニューヨーク、クリーブランド等の有力新聞に勤務、長くアメリカで働き、アメリカ人の心の機微を知り尽くした敏腕ジャーナリスト、森信蔵ならではの交渉だった。

森は昭和二十二年に半田市長に。民選第一号の市長である。そして二期八年、戦後混乱期の半田市を支え、衣浦干拓事業や愛知用水建設などの先頭に立った。さらに森は社会福祉の充実、復員者の手当、母子家庭の保護などに尽力した。これはアメリカで培ったチャリティー精神が基になっているものだ。

年末助け合い共同募金運動も、何と愛知県半田市という一地方から始まり、全国に伝播したものだ。これは森がアメリカ・クリーブランド市で経験した福祉運動を参考に、昭和二十二年七月に提唱、半田市などで運動を開始、同年末には全国的運動に。そして現在のように広く社会に定着したものである。

この森信蔵の説得で、半田製作所にある機械、工具、資材のほとんどは残された。さらに大きかったのは大型プレス機を残せたことだ。

新しい半田製作所のスタートラインが引けたのであった。

第四章　学徒動員と朝鮮人徴用工

一、動員学徒と女子挺身隊

終戦となり、各地から動員されていた学生たちが帰郷を始めた頃である。半田製作所に近い国鉄半田駅、乙川駅には毎日、毎日、別れの光景が見られた。

しかし、ちょっと変わった雰囲気なのである。

男子学生の多くは口を真一文字に結び、悔しさをみせている。あるいは、敗戦を嘆き号泣する者も少なくない。号泣する友の肩をどんどんと叩く男も泣いている。

——日本は本当に負けたのか…。信じたくない男たちである。

女子学生も泣いている。但し、彼女たちの涙は男たちとは明らかに違う。それは暫く住んだ土地を離れる感傷の涙。帰郷できる感動の涙。いわば嬉し涙なのである。

その証拠に、寮を出て、駅までの道すがら、彼女たちは手を組み、声を合わせて歌を歌って歩いて来たのだ。

♪ラ・ラ・ラ　赤い花束　車に積んで　春が来た来た　丘から町へ♪

明るい明るい、女学生の歌声だった。

この学徒と呼ばれる男子学生と、女子挺身隊と呼ばれる女子学生との温度差は、単なる性差なのだろうか。彼ら、彼女らの戦時中、終戦直後をみてみる。

二、学徒と児童で支える飛行機工場

戦時中、全国の軍需工場には全国各地から学生が作業員として多数、動員された。動員されるのは徴兵年齢に達する前の未成年者ばかり。つまり、全員が十八歳以下、小学生も

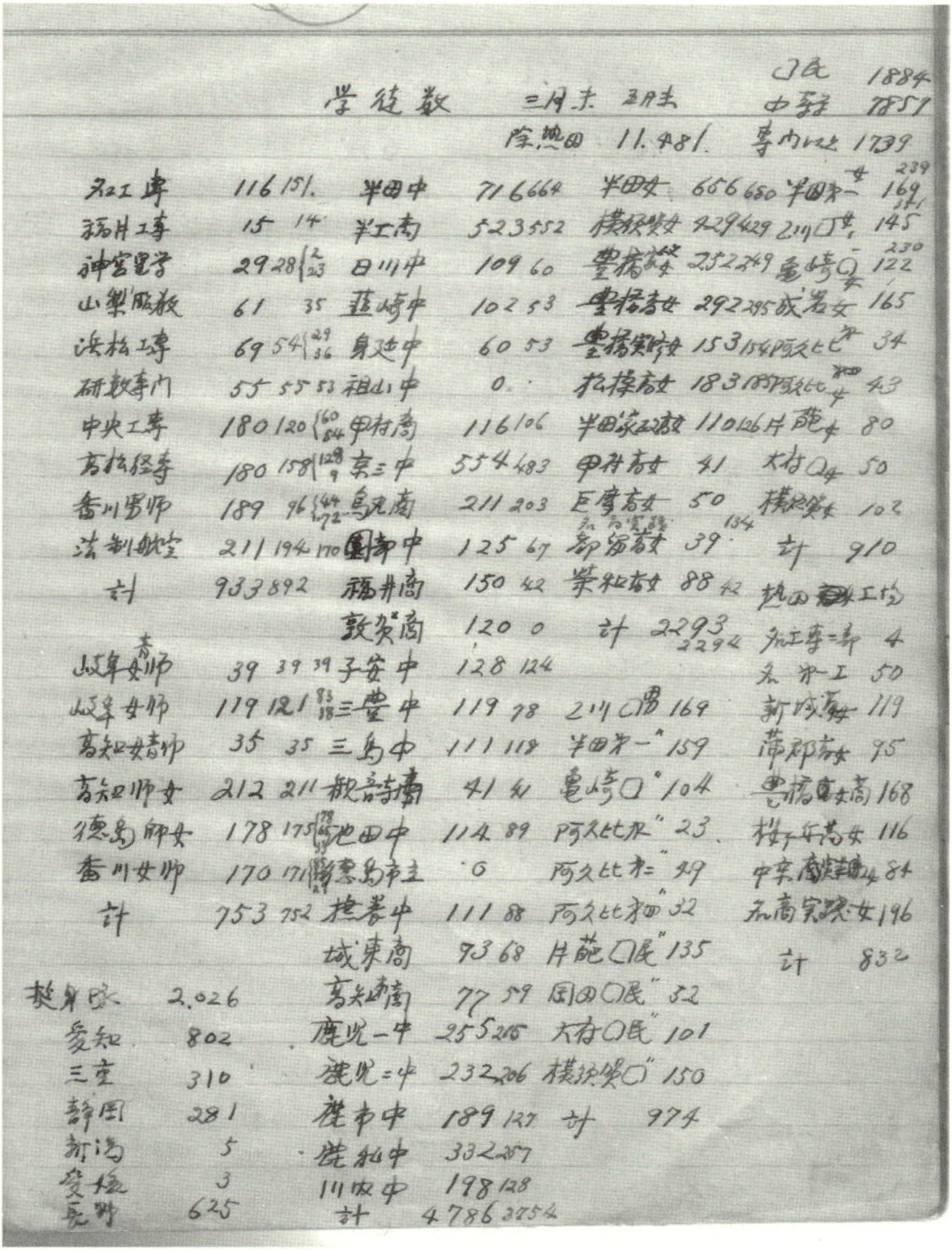

学徒数　三月末　五月末

口民 1884
中等 1851
専門以上 1739
除熱田 11,481

名工専	116 151	半田中	716 664	半田女	656 650	半田第一女	169
福井工専	15 14	半工商	523 552	横須賀女	429 429	2川口女	145
神宮皇学	29 28	日川中	109 60	豊橋高女	252 249	亀崎口女	122
山梨師範	61 35	韮崎中	102 53	豊橋高女	292 295	成岩女	165
浜松工専	69 54	身延中	60 53	豊橋実女	153 154	阿久比女	34
研数専門	55 55 53	粗山中	0	松操高女	183 185	阿久比北女	43
中央工専	180 120	中村商	116 106	半田家政高女	110 126	片葩女	80
高松経専	180 158	京三中	554 483	中村高女	41	大府口女	50
香川男師	189 96	鳥丸商	211 203	巨摩高女	50	横須賀実女	102
法制航空	211 194 170	園部中	125 67	部留高女	39	計	910
計	933 892	福井商	150 42	桑知高女	88 42	熱田 工場	
		敦賀商	120 0	計	2293 2294	名工専二部	4
岐阜女師（青）	39 39 39	子安中	128 124			名市工	50
岐阜女師	119 121	三豊中	119 78	2川口男	169	新城高女	119
高知女青師	35 35	三島中	111 118	半田第一	159	蒲郡高女	95
高知師女	212 211	観音寺商	41 41	亀崎口	104	豊橋高女	168
徳島師女	178 175	池田中	114 89	阿久比北	23	桜ヶ丘高女	116
香川女師	170 171	徳島市立	6	阿久比南	49	中京商実	84
計	753 752	植巻中	111 88	阿久比西	32	名商実践女	196
		城東商	93 68	片葩口民	135	計	832
挺身隊	2,026	高知商	77 59	岡田口民	32		
愛知	802	鹿児一中	255 215	大府口民	101		
三重	310	鹿児二中	232 206	横須賀口	150		
静岡	281	鹿市中	189 127	計	974		
新潟	5	鹿松中	332 287				
愛媛	3	川内中	198 128				
長野	625	計	4786 3754				

『中島ノート』に記載の学校名と学徒数。昭和２０年３月末の在籍数。
右に並ぶ数字は５月末現在。３月末に１１４８１人。

大勢動員されている。その子たちが軍事品の生産に携わっていた。

半田製作所に動員された学徒は、中高生の男子が六千六百余人、女子挺身隊と称される女子学生が二千百余人。さらに小学生は、男子が八百八十余人、女子が二千四百余人。合計一万二千百五十六人であった。これは終戦時の記録。

二十年三月の記録（＝前頁の『中島ノート』の写真）では学徒の総計が一万一千四百人だから、終戦前の三ケ月間に八百人ほど増員している。

当時の半田製作所の人員は二万六千名。そのうち中島の正規の社員は七千人ほど。他に、一般人と朝鮮半島からの徴用工が合わせて五千人弱。したがって工場で働く工員の半数以上は学生や子どもだったのだ。

当時の工場の作業は人海戦術そのもの。ベルトコンベアーやロボットの替わりだから、勤勉なら誰でもよかった―、というと学徒動員経験者に叱られる。「御国のため」に子らは働いていたのだ。

工場の現場にいるのは、ほとんどが十二歳から十七歳までの男女。組み立て中の大きな飛行機のあちらこちらに、まるで蟻が群がるように若い子たちが立ったり、座ったり、こまめに、こまめに働いている光景が目に浮かぶ。

飛行機の胴体は薄い金属板を重ね、リベットで止めて造り上げる。まず金属板に電気ドリルで穴を開け、そこにリベットを入れ、エアーハンマーで打ち込む。打ち込む先に当て板がないとリベットが止らない。当て板を入れる隙間があればいいが、狭い所は当て板が入らない。そこで子どもの出番だ。

当時小学六年生だった岩本勝治さんの談。

「機体と翼の接続する部分などは狭くて曲がっていて工具が入らない。大人の手は大きくてだめ。小さな子どもの手なら入る。子どもが手のひらに当て板を持って、その狭い場所に手を入れる。外からリベットを打ち込む。跳ね返されないように力一杯抑える。手は焼けそうだし、耳はリベットを打つ音でつんざけそうだった」。

同じく小学六年生だった小栗利治さん。

「飛行機の内部は狭い箇所が沢山ある。そこで子どもの出番だ。それ行け！　と言われてネズミのように全身で潜り込んで行く。そんな毎日だった」。

子どもの身体も手のひらも工具…。言いようのない寂しさがある。しかし、岩本さんは誇りを持って半田製作所に通ったという。

「私らは二十人ほどが一組になり中島飛行機に働きに行った。周囲の人からは、偉いね、と言われるし、嬉しかった。子どものことだから、道中はぶらぶらと歩いて行くが、中島の門の近くに来ると二列縦隊になり行進する。『歩調を取れ！』と級長が言うと、腕を振って歩調を合わせて工場に入っていったものだ」。

小学校五、六年生の小さな子どもたちが隊列を組み、歩調を合わせ、勇ましく軍需工場に入っていく。その子らの眼は清々しいまでに澄んでいたはずだ。念のために言うが、子らの行為は〝戦争ごっこ〟ではない、実際に兵器を造る戦争行為なのである。

歩調を取り、工場に入って行く子らを「御国のために献身する感心な子」とみるか、「全体主義に洗脳された哀れな子」とみるかは個々の判断だが、この時代、半田製作所の通用門では毎日毎朝、こんな光景がみられたのである。

岩本さん、小栗さんらは地元の国民学校からの動員。中高生の多くは全国から学校単位で動員される。半田製作所には、地元の半田中、半田商業のほか、京都三中、烏丸商業、豊橋高女などから、数百人単位で動員されている。

昭和二十年二月十五日、香川県の香川師範学校女子部の生徒百七十五人が中島飛行機半

田製作所に動員されて来た。同校は全生徒数が二百十八名だからほぼ全校の動員だ。彼女たちは予科1年から3年生、本科1年から4年生。いずれも教師を目指す乙女たちであるが、「女子挺身隊」と称されての動員であった。

彼女たちは会社の用意した平地《ひらち》第一寮（半田市花田町）に入った。この日より寮生活である。未知の土地、初めての工場勤務の不安、それもあったろうが、まだまだ修学旅行気分の方が強かったようだ。

二月十七日、午前九時。受入式が挙行された。

しかし、開会直後に「空襲警報が発令！」。受入式は即刻中止。乙女たちは現実をいや応なく知らされた。そして翌十八日より工場勤務。彼女たちは全員、山方《やまがた》工場に配属された。「彩雲」の胴体を造る工場であった。

彼女たちは教師志望のインテリ。筆まめに日記や手記、手紙を書いていた。また、戦後も数回に亘り、第二の故郷ともいえる半田を訪れ、数々の談話を残している。

それを読むことで彼女たちのいた四ケ月間の女子挺身隊の生活と思いが手に取るように分かった。

しっかりとした日記が残っていた。三木道子さんの『半田動員の記』である。二月十七日から六月十六日までの百二十日のうち、五十五日分の記載だ。

これは良い資料だ。参考になる—、と一瞬、大喜びしたのだが、これはどうも公的で報告書的な日記のよう。これはこれで、とても良い資料だが、本音や個人感情は少しも書かれていないものだった。

三木さんは多分、級長、もしくはそれに準ずる人で、きちんと行事や団体の行動を記録する役目だったのではなかろうか。

具体的に拾ってみる。（注・・旧カナなどは現代語に直した）

2月17日　受入式、九時開式、警報発令のため直ちに閉式。いよいよ明日から工場だ。意気と熱誠と能率を以て突撃する決意を決めた。

2月18日　工場配属……山方工場

2月19日　第一、第二小隊の者、住吉工場までとりに行く。

3月6日　学徒推進員懇談会あり、左側通行、敬礼の遵守、風紀の各項目について協議をなす。

3月10日　第49回陸軍記念日。山方工場仮救護所に於て種痘、チフスの予防注射を成す。
3月17日　第2回チフス予防注射をなす。
3月18日　青木部長先生（男子部）視察のため、我が寮に一泊なされる。
3月22日　北条先生より工作の講義あり、航空知識を豊富にすべきだ。

これらは筆者が恣意《しい》的に抜き出したものではない。日記を書き始めた二月十七日から、一つも省かずに転記したもの。以降、すべてこういった記載だった。

この日記は監督官や教師などへの提出を前提に書かれているとみる。そう断定できるのは、五十五日分の日記に一言も個人的なことや不平不満は書かれていないこと。また、先生に対する記述は全て敬語。訓話があれば全面的に納得して、指導に対する感謝を表す一言を書き加えている。

休日の欄は、「ゆっくり疲労回復をなし明日の生産に備へよう」。あるいは、「疲れた時でも工場の門をくぐると意気がみなぎる」。食べ物のことなど一言もなし。空襲があっても怖いという一言もない。これは、どうみても個人の日記とは思えない。

率直に言うと、これは「この時代を生き抜く女子学生の建前の日記」である。

しかし、記述内容や固有名詞に嘘はない。この三木日記は貴重な行事、行動の記録として大いに参考にさせてもらった。

三、赤い飯

一方、彼女たちの本音を吐露する手記や談話が続々と出てきた。戦後に書かれた香川師範学校女子部の手記が分かりやすい。もう隠す必要のない時期だ。内容も気持ちも衒《てら》いなく書かれている。その手記の一部を紹介する。

それを読むと、まずは食事のこと、食べ物のことが多い。それが余程辛かったのだろう。みんな腹ペコだった。そして、工場の作業の苦しさ辛さが多い。力のない乙女たちがハンマーを振るい、電気ドリルの振動に耐えることへの苦痛。必死にがんばっていた。しかし、年頃の乙女達は、辛い暮らしを送りながらも、花を愛で、歌を歌い、淡い恋心も吐露《とろ》している。

○水がなくてあつい湯で、たくあんを洗い、かじった味の良さが今でも忘れられません。当時のご飯は混ぜ物が多く、赤かった。赤飯を食べるたびに赤い色のついた、ややこしいご飯が思い出されます。
【緒方清子（中条）予科1】

○思い出すのは、豆粕入りご飯、赤い大根。
【中井愛子（多田）予科2】

○豆粕の黒いどんぶりご飯、赤い大根、大きな蕗…。
【真屋道子（阿守）予科3】

○じゃがいもやたくあんの丸かじり、蕗《ふき》まじりのご飯、ともかく食べ物のことばかり思い出される。
【長尾ユミ子　予科2】

○空き腹をかかえ町に福神漬を求めに行ったこと。夜勤の後、星空の下で待つ食事、どんぶりご飯の上に、二、三個の茹《ゆ》でたジャガイモがあったことなど、すべて食べることばかり思い出され恥ずかしくなります。
【室本恵美子（阪東）予科2】

○飛行機のあばら骨の如き胴体にジュラルミン板をエアーハンマーで打ちつける時のあの苦しさ、力不足でハンマーが逆戻りする時、胸骨のあたりに当てて一本一本命がけで打ち込んでいった。しかし、その多くの飛行機は空中で分解して降ってきたという。なつかしくて悲しい十七歳の思い出。
【多田律子（入谷）予科1】

○組長さんにお願いして特別に乗せてもらった「彩雲」。せまい機内にぎっしりセットされた機械の数々… ボタンを押すと底部にパッと開いた爆弾投下口を見たときの驚き。
○公休日に足を伸ばして参拝した熱田神宮の神々しさ…、乙女心をはずませながら、そっと訪れた男子若草寮への丘の小道…。
○半田中学の先生に図書をお借りして解いた、微積分の学習…。どの一コマも、全てが懐かしい青春の思い出です。

【鬼無玲子（平井）、泉川ツヤ子（藤原）、宮本栄美子（木田）本科1】

○時々ホームシックにかかり、故郷の方角、西の空を見て涙しました。そんな心を支えてくださった先生方、「桜花咲く敷島の～」「まぼろしの～」「吉田さんがまわってくりゃあ、豆のめし～」の歌。それに慰められました。

【末本ツエ（三好）本科1】

正直に書かれている手記は当時の生活を隠さず教えてくれる。そして、泣きたいほどの感動を伴うのはなぜだろう。

寮の食事は、「豆粕」か「フキ」を混ぜたご飯だった。それらを混ぜると飯の色は赤くなるようだ。半田製作所の従業員食堂の飯も「赤かった」という証言を多くの学徒に聞いている。

この「赤い飯」は、『半田空襲と戦争を記録する会』が発行の記録集に載る寄稿文にも再々出てくる。「米より豆が多い飯」、「赤茶色の飯」、「混合飯が丼に七分目」。そんな一行が文集をぱらぱら捲るだけで目につく。複数の人が書いている。事実でしかあるまい。

ジャガイモはよく出たようだが、惣菜でなく「代用食」と聞いた。ジャガイモの分量だけ飯が少ないというのだ。「赤い大根」とは何だろう。「たくあんの丸かじり」が、キャッキャと声を出して喜ぶほど贅沢で幸せなことだったようだ。

当時、食料事情の悪さは、国を護《まも》るために当然のことと思われていたが、要は、自国民に満足に飯を食べさせることも出来ない国だったわけだ。それが戦争というものだ。

どうしても「赤い飯」が気になって取材した。

輸送機工業㈱（中島飛行機半田製作所の末裔会社）のOB会が年に一度開かれている。中島の役員、幹部だった方や、現役の社長ら重役も参加している。そこに縁を頼って二度ばかり潜り込んだ。

そこで元半田製作所の複数の幹部に「当時の食事と食糧事情」を聞くことができた。

まず元幹部、清水氏の証言。

「中島の従業員食堂で赤い飯なんか出していない、見たこともないよ。いつも白い飯だった。ぼくらはよく半田駅前の〝日の出食堂〟に行った。半田は食糧事情が悪くなく、何でもあった印象だ。カツレツ定食をよく食べた。一円だった。カツレツの大きいやつを注文すると一円二十銭。腹一杯になったよ」。

会社の幹部や軍の上層部は少しも食うに困っていなかったようだ。さらに清水は、

「日の出食堂の主人が自慢げに二階へ案内してくれた。清酒の一升瓶がどっさりあった。それを買って帰って部下に振舞った」。

その話に割り込んできたのが元重役の吉田氏。

「そうだよ。日の出食堂のカツレツ定食大盛は中島の社員なら誰も知っているんじゃないかな。〝大きいやつ〟で通じたよ。そうそう、一円二十銭、そうだった。普通の定食は五十銭だったかな。飯の色？　銀シャリだったよ。酒はたしかに配給制だったね。宴会は〝末広〟か〝古扇楼《こせんろう》〟を使っていたが、お酒は配給で十分にありません、と言いながら切れることはなかったから、酒はあったのだね」。

さらに芦澤元工場長は、

「清水組の重役が鰻が好きで鰻屋によくご一緒した。〝一心屋〟だったかな。生簀《いけす》に鰻を

沢山泳がせている店で、どれにしましょうか、などと言って楽しんだ」。

そして芦澤は、

「私個人は半田駅の近くにあった〝鳥兼《とりかね》〟をよく使った。屋号は鳥兼だが牛肉屋で、二階の座敷で牛肉のすき焼きを食べさせる店だ。さすがに終戦近くは閉めていたが、随分通ったものだ」。


話の輪にいた清水も吉田も芦澤も、昭和十八年頃に半田市に赴任して来た人。言うまでもなく戦時中である。だが、彼らの周囲には、カツレツも鰻も牛肉も清酒も不自由しないほどにあったのだ。ちなみに名前が出た店は現在もある。


学徒が閉口していた「赤い飯」を中島の幹部社員だった七、八人に聞いたが、誰も知らなかった。「中島の食堂は白い飯だった」と口を揃える。七十年も経った今、嘘をつく必要などないのだから事実だったのだろう。

これは、中島の社員の食堂と徴用工や学徒が使う食堂が違っていた、二つの食堂は使う食材が違った、ということでしか説明はつかない。

中島の食糧品や衣料品は、半田市住吉町にある現在の半田赤レンガ建物で管理されていた。衣糧《いりょう》倉庫である。当時の通称は住吉工場だった。

そこに勤務して食糧配給の担当だった方に話を聞けた。

「中島の寮や食堂の飯は一人、三千カロリーと決められていた。その計算で食材を渡していた。お米は国からの配給だから人数分の配給米はあったが、カロリー的に不足するので豆などを混ぜたのかな。ともかく三千カロリーだよ。間違いない」。

分かったような分からない話である。

これを国民学校生で一年以上も中島に動員されていた小栗利治氏に言うと、

「とんでもない、何が三千カロリーだ。普通のどんぶり茶碗に七分目ほどの赤い飯。惣菜はイナゴを塩で茹でたものと、海苔がちょっと。それが定番だった」。

名古屋高専の磯貝正行氏は、

「三千カロリー？　冗談にもならないよ。半分もないだろうな。育ち盛りだから腹が減るのは辛かったよ。友達には空腹の愚痴は言うが、工場内では知らん顔をしたものだ。飯は赤い飯だ。小豆入り？　それじゃ赤飯だろ。そんな上等なものじゃない。玄米の粕か粟か何かじゃないかな。惣菜は蕗かイナゴの塩茹で。沢庵が二切れ。寮では味噌汁が出るが味噌汁じゃなくて塩汁だよ」。

　そして、

「一年ほどいた間に鰻丼が一回あった。鰻丼といっても蒲焼を細かく切ったのが飯の上にちょっとのっているだけだが、嬉しかったな。それと一回か二回、人参の塩茹で。それも人参の四分の一くらいの大きいのだ。今日は何かの記念日かと思ったよ」。

　その人参の甘い味が忘れられないと言う。

　言うまでもなく、小栗も磯貝も七十年前のことを話している。七十年経っても忘れられないメニューだったのだ。

四、自分が造る飛行機が落ちるのを知っていた

　香川師範の乙女たちの生活は、実に規則正しいものだった。起床、朝礼、朝食、列を組んで半田製作所に出勤。皇居の方角に向かって宮城遥拝《きゅうじょうようはい》をして作業。昼食、作業、終業、帰寮。そして夕食、黙習と自由時間、就寝。

学業も「三木日記」から分かる。一週間に一、二度程度の「講義」があり、乙川小学校に授業参観にも行っている。師範学校として最低の学習はしていたようだ。でも何といっても十代の乙女たちだ。就寝前の自由時間には、お喋りに花が咲き、声を合わせて歌も歌った。

彼女たちが、彼女たち百七十人のために作った歌があった。その歌詞から様々なことが見える。

歌は「香川師範動員学徒の歌」。作詞、増田アサヱ（本科1）。彼女も動員学徒である。

1、昭和維新の朝嵐　征きてかえらぬ瀬戸乙女
　　大君のため我ゆくの　望はたせし百七十
2、打鋲のひびきいや高き　飛行機工場に身を挺し
　　特攻隊と名づけつつ　体当たりする生産陣
3、至誠はもゆる山方の　春風清し渥美湾
　　飛機を作りて我止まん　ああ乗る神は若桜
4、天誅おこる沖縄に　先駆の悲壮誰か知る

はせて散り行く飛行機は　我が打つ鋲の火花なり

（中略）

9、晩霞いまだ夏ならず　風雨のどけき春の夢

鬼神泣きつつくだけたる　うらみぞ深き硫黄島

まず4番に注目したい。

「天誅《てんちゅう》おこる沖縄に　先駆の悲壮誰か知る　はせて散り行く飛行機は　我が打つ鋲《びょう》の火花なり」。

彼女たちが半田に来たのは二月十五日。沖縄戦は三月二十日から六月にかけて。彼女たちは沖縄で大激戦があり、日本が惨敗していると感じ取っていたのだ。

果たして、「はせて散り行く飛行機」は敵機グラマンなのだろうか。「我が打つ鋲の」「彩雲」と思っていないのだろうか。いずれにしても彼女たちは、自分たちの造る飛行機が遠からず火花のように散ることを知っていた。

また、9番に「鬼神泣きつつくだけたる　うらみぞ深き硫黄島」がある。硫黄島の戦いに日本が惨敗、二万の兵が玉砕したのは三月末だ。彼女たちはこれも知っていた。

十二番まである歌詞のなかで彼女たちは敵機を一機も落としていない。散っているのは、わが国の飛行機である。また、歌詞は、「体当たり」、「ああ乗る神は若桜」など戦局の不利、味方の若者の死を充分に理解して書いている。

彼女たちは言葉を選び、主語を曖昧《あいまい》にしているものの、不利な戦局を堂々と歌にしている。それは彼女たちも兵士と同様、既に死を受け入れて工場にいたともとれる。

但し、そんな彼女たちは逞《たくま》しい。嘆きばかりではない。こんなコミカルソングも作り、歌っていた。それは「中隊節《ぶし》」という歌で、別名「半田の歌」と呼ばれて愛唱されていたことは彼女たちの手記に何度も出てきた。

中隊節（半田の歌）　香川師範女子部作

1　朝はうれしや　ベルが鳴ります　その音の憎さ
誰が積んだか赤ふとん　廊下ふくのも夢のうち
ちょいといってくる洗面所

2　昼はうれしや　電ドル片手に　胴体作り

エアーハンマに当板よ　吉田さんが廻ってくりゃ豆の飯
ちょいと悲観する　半田みそ

3
夕べうれしや　掃除すませて　六号棟の前で
岐阜の師範と花火散る　歌を歌えば気もはずむ
ちょいと待ってます　警備さん

4
夜はうれしや　お湯にひたって　蒸気をもろて
黙学すませて点呼して　国へ便りの走り書き
ちょいと消燈の　子守唄

5
夜中うれしや　サイレン鳴ります　Bさんのお越し
先生とび出す長廊下　洗面器に丼に水満たせ
ちょいと来ました　三十目標

6
夜勤うれしや　十時起床で　講義をすませ
うしみつ帰りの闇点呼　電池片手の道案内
ちょいと悲観する　ぬれねずみ

7
二部はうれしや　夜勤交替で半田の休み

春をたずねて野に里に　菜の花畑のあげひばり
ちょいと思い出す　讃岐富士

こんな歌をキャッキャと笑いながら声を合わせて歌っていたのだ。

辛い作業も、戦争も、腹ペコも、笑い飛ばしてしまう若い明るさがあって、実に、ほっとさせられた。

「♪吉田さんが廻ってくりゃ豆の飯」と昼食を笑い。「♪サイレン鳴りますBさんのお越し」とB29の来襲にも強がるが、「♪洗面器に　丼《どんぶり》に水満たせ」と、敵の爆弾に、とても役に立ちそうもない、丼に水を入れての防火活動をインテリらしく嘲笑する。

しかし、「♪ちょいと思い出す讃岐富士」と望郷の想いには泣いていたのである。

五、動員学徒の実態

やや余裕を感じる女子学生の動員生活に対し、男子学徒は余裕など微塵《みじん》もない毎日を過ごしている。懸命でひた向きで滅私奉公《めっしほうこう》の生き様が、日本人がとる唯一無二の道と彼らは信じ込んでいたからである。

　動員学徒のほとんどが昭和二年から六年生まれ。軍国主義励賛の真っ只中での誕生である。二歳、三歳のころから男の子の遊びといえば兵隊ごっこ。銃に見立てた棒切れを持ち、匍匐《ほふく》前進して敵と対戦。敵をやっつけて、意味も分からず「ぼうしようちょう（暴支膺懲）」と叫ぶ。そんな幼少期を過ごした世代だ。

　この「暴支膺懲《ぼうしようちょう》」とは、暴虐《ぼうぎゃく》な支那《しな》（中国）を懲《こら》らしめよという意味。当時、ラジオ放送や街頭演説で盛んに使われていたようだ。やがて昭和十六年ごろになると、「鬼畜米英《きちくべいえい》」にスローガンは変わる。これは米国、英国を鬼や畜生のように下劣で非道な人類だとするもの。これらの四文字熟語に日本国民の多くは洗脳されていた。

　そして入学。小学校の授業は軍国教育一色。習うのは、「東郷元帥の勝利」、「乃木大将の幼年時代」など。そして「神武天皇」、「羽衣」などの神話。それらを無条件で理解し、反芻《はんすう》できる子が秀才だった。

　この期の教科書は、「臣民の道を強化し、軍国における忠君愛国の精神の鼓吹《こすい》を教育目的とした」（『教科書の歴史』）を引用するまでもなく、頭の良いとされる子は、どんどんと賢い臣民になっていたのである。

その結果、優秀な男子の目指す先は「皇軍の高官、大将」、「御国に滅私奉公できる人」になった。だから男子学徒は疑うことなく軍需工場で懸命に働き、やがて来る召集令状を待っていたのである。

では、軍国教育を受けたのは女子学生も同じだろうと言う向きもあろうが、それは少し違う。

彼女たちも基本的には「良き臣民を目指す」のだが、それと並行して「美しいお嫁さんになりたい」、「良いお母さんになりたい」という本能ともいえる夢を持っている。その夢は、時には御国を守ることより優先することさえある。守るものが男子のように一つだけではないのだ。

だから終戦の日を迎えた時。流す学徒の涙の質に、大きな男女の差が見えたのではなかろうか。

学徒動員についてだが、『中島ノート』を読んでいて、筆者の思わぬ知識不足をいくつか見つけてしまった。

動員される学生たちを、本人の意思の如何に問わず国家総動員法の下、強制的に徴用された人との観点から同情する見方が多い。私、筆者も同じである。だが、『中島ノート』から、従来は表に出ていなかった一面を知り、観念的で一方的な見方だけで史実を判断する危うさを、今さらながら思い知らされたのである。

オーバーな言い方をしたが、次のことは、ひろく知られていないのではなかろうか。

学徒にも給料が出ていた。それも月額三十円～五十円という高額だった。

さらに、たびたび（戦意高揚のためだろうが）臨時ボーナスといえる奨励金や記念金品が支給されていた。

動員期間は最長一年につき四ケ月までが限度で、保険（社会保険？）に加入が義務づけられていた。

勤務時間は、一日十時間に定め、残業も二時間が限度とされていた。女子の残業は禁止されていた。

動員も教育の一環と位置付け、週六時間以上の授業が義務付けられていた。

これらは昭和十九年に施行された『学徒動員法』に基くものだ。この内容は、まずまず納得のゆくものだ。だが、学徒を受け入れた全国の軍需工場が、これらの規則をどれほど順守していたかは知りようがない。

給料だが中学生の「男子で月給四十円、女子で月給三十円」という記録と、「基本報償は生徒一人に対し月額四十円、一般汽車通学生徒に対しても同額とす」の記録。さらに「日給七十五銭支給」という記録が混在していて正確なところは掴めない。

しかし、当時の巡査の初任給が四十五円、小学校教員の初任給五十円、紡績工場に住み込みの女子工員の給料が月十五円だったことと比較すれば、かなりの高給与であることには違いない。ちなみに中島飛行機の入社三年の一般工員の日給は、一円三十五銭だった。二十五日働いて三十四円。学徒より安い。

なお、給与は会社が学校単位で一括して校長宛てに支払い、学校は、寮費、授業料などを差し引き本人に支払っていた。

半田製作所の記録ではないが、「基本給四十円の中から食費、授業料その他を差引いた残金の中から十円を本人渡しとし、他の残金は貯金する」の記述があった。国の規定だからどこも凡そ一緒と思ってよかろう。

次の証言も面白い。

京都三中の学徒の岡田さん。「南方で〝天山〟が活躍して大戦果を挙げたとのことで、褒賞金が出た。それも一人、十五円だった。芋を買ったり、半田市内に出て雑炊を食べたりした。芋はすごく高かった。三キロか四キロで三円だった」。

戦意高揚、生産増強のための臨時ボーナスを出していたのだ。岡田さんら学徒は、「よし、がんばるぞ」と思ったと言う。

労働時間の件も数々の証言を読んでも不平や苦情は書いていないから、ほぼ守られていたようだ。女子の方も、香川師範の『三木日記』や個人の手記にも二交代勤務はあっても長い残業はない。残業手当も出ていた。

他校の記述などに残業をすると夜食の食券が貰えるので嬉しいというものもあった。作業の辛さより空腹を満たすほうが優先していたのだ。

京都三中の三宅仁さんが「三百十九・五時間就業をして表彰状を貰っている」。これを週一日休み、月二十五日勤務とすれば、一日十二・七時間となる。八時に出勤して、夜十時ごろに退社する毎日だったことになる。法令は『勤務時間は、一日十時間に定め、残業も二時間が限度』だから、ぎりぎりの黄信号程度。これが学徒の勤務実態のようだ。

動員期間は『一年に四ヶ月が限度』についてだが、これも女子学徒に対しては守られていたようにみえるが異論も多い。

香川師範は四ヶ月で帰郷している。

だが、金城女子専門学校から愛知時計に動員されていた竹内和子さんにそれを言うと、「とんでもない。私は昭和十九年の春から終戦まで通った。四ヶ月で交替なんか誰もいない」。

豊橋松操高女は、はっきりした記録があった。昭和十九年六月五日に半田製作所へ。そして終戦の日にも居た。一年以上だ。

また、京都三中の三、四、五年生七百五十人は、昭和十九年七月五日に中島・半田製作所に動員された。同年十二月七日の大地震に遭い、十三名が犠牲になった。翌年の正月も全員で迎えている。二月には進学の心配を半田でしている。どうみても四ヶ月ではない。

ちなみに震災で亡くなった京都三中の十三名は靖国神社に合祀されているという。名誉の戦死、軍人扱いでありがたいことなのだろうか。それとも残された者の戦意昂揚が狙いなのだろうか。これが靖国神社の役目だから異議は唱えないが、この地震で亡くなった人はみんな靖国に祀られているんだろうね、と言いたくなる。

昭和十九年秋に動員された学徒が終戦時に大勢残っていたように、男子学徒の場合は事実上、期限なしの動員だった。すでに『学徒動員法』など有名無実の法律だったのだろう。さらに、昭和二十年三月に施行された『国民勤労動員令』は、日本国民の十二歳以下、六十歳以上の男子、四十歳以上の女子以外は、一年に六十日以内の労働を義務付けた。「根こそぎ動員」といわれる徴用の強化である。

このような国策。少年少女たちは愛国忠君の思想の下、懸命に働き続けたのである。

意外なことをもう一つ知った、動員学徒に脱落者は分かるにしても、脱走者がかなり多かったことだ。『中島ノート』で藤森はこの問題に言及、苦慮していた。なお、脱走者という と文字通り夜陰《やいん》に紛《まぎ》れ逃げる者を連想するが、この場合、病気などの理由で動員に応じない人を全てそう呼んだようだ。

ノートの記述である。

（学徒に）脱落者ガメダツ　補充ガ不足　教師ニ、ハタラキカケナイヒカ　脱走者ハ・・

掌握デキテイナヒ　山本少佐ニ　待グウデ改善デキルカ

学徒の脱落、脱走者が目立つが補充もされていないし、その実数や原因を会社側は把握できていない。教師に働き掛けて脱走者の現状を掌握せよ。海軍の山本少佐の力を借りてもよい。学徒の待遇を良くすれば脱走者は減るか。そんな意味だろう。

そして部下にこう指示している。昭和二十年三月のノートである。

1、動員学徒の脱落防止
(イ)専門学校へ転学防止　(ロ)助教（小学教員）ヘノ転出防止　(ハ)出身地、帰還配置変更ノ保留

2、半田、小松地区ノ要増要員ノ急速充足ノ実施
(イ)半田地区5000名　一・四期決定セル分ノ動員促進
(ロ)小松地区12000名ノ動員　一・四期ノ割当ノ増員促進

脱落して行く学徒は、専門学校や教員になるという理由で帰郷する人が多かったよう

だ。専門学校生や教員は徴用を免除されていたわけではないので、中島から他の企業に転属するのを防ぎたい意図だろう。専門学校の中に農学校がある。農学校の学徒は農作業にあたり工場には来ない。「転学や教員への転出」も同様なことだろう。

故郷への帰還や配属変更の届出があっても保留して許可するなと指示している。

人員不足は深刻なのだろう。一・四期即ち昭和二十年四月から六月の三ケ月で、一万七千人もの増員が半田、小松地区で必要のようだ。

人海戦術が基本の当時の製造工場のこと。労働人員の確保が即ち、生産力の強化に直結する。大人数を一括して獲得できる学徒は貴重な資源だ。待遇の改善、褒賞金など多少の出費は問題にせず増員第一だったようだ。

学徒動員の動きが『中島ノート』にあった。

昭和二十年四月一日から八月五日までの「学徒減耗状況」とする詳細なデータだ。七十校ほどの学校別の一覧表である。その総計だが、受入人員＝一三、九五〇人　に対し、

減員数とその理由は、

軍関係＝一、〇九八　進学＝一、一四〇　就職＝九一八　農業要員＝一五三

家庭根軸＝一三　病気＝一五三　其の他（配転）＝三、一二六　計六、六三七人。

つまり、（受入一三、九五〇人）ー（減員六、六三七人）＝七、三一六人が半田製作所の学徒数である。四五％が「減耗」なら人員計画も大きく狂うだろう。（注・数字はノートのママ）

さて、男子学徒のほとんどは滅私奉公、粉骨砕身の姿勢で働いていた。

半田中学から中島に動員されていた榊原守さんは、当時、この歌を口ずさみながら半田製作所へ通っていたという。また、七十年経った今でも、この歌を聞くと血が騒ぎ目頭が熱くなるという。

学徒動員の歌「ああ紅《くれない》の血は燃ゆる」である。

花もつぼみの若桜
五尺の生命《いのち》ひっさげて
国の大事に殉ずるは
我ら学徒の面目ぞ
ああ紅の血は燃ゆる

榊原さんにとって、これは青春の歌でもある。

「戦争はいけないというが、戦争で散っていった尊い命を忘れてはいけない。文字通り命を懸けて国を守ったわけだ。国を守るという気概がなくなるとこの国は終りだ」と、大戦中は自分が兵役前の年齢だったことを悔いると言う。

さらに、「最近の中国や韓国の態度、あれはなんだ……」と好戦論を展開した。まさに「ああ紅の血は燃ゆる」であった。


昭和二十年七月九日に岡田資《たすく》中将（東海軍需管理部長）が半田製作所を訪問、学徒全員を集めてこう演説した。

「学徒は本を捨てよ、学問と断絶せよ」。

学徒にそう力説した岡田は、映画『明日への遺言』で有名になった軍人のヒーローである。彼が半田市在住だったこともあり、数年前、はんだ郷土史研究会で特集をした。

取材をし、立派な軍人的言動と、BC級戦犯としての、その潔い最期に感銘を受けていたのだが、終戦後すぐ、都築紡績（＝中島飛行機植大工場）の社長に就いていることを知って、「何ぁんだ」と失望したことを思い出した。

熱っぽく、「命を捨てて軍用機を造れ！」と学生に教育した軍国主義の鑑、岡田だが、終戦のわずか数ヶ月後には平和産業の社長に就任。今度は「戦争はいかん！」と熱弁を振るったかどうかは知らないが、ちょっと複雑な気持ちだった。文句を言うわけではない。高級将校は変わり身が早いのである。

六、学徒の心意気が残る襖

終戦の日に戻る。学徒に関する指示が左記である。

学徒ニ付テハ職場ノ事情ヲ勘案シ学校等ニ於テ教育訓練ヲ為スモ可ナリ
他府県ヨリノ学徒ハ可及的速カナル時期ニ於テ逐次帰郷セシム
女子挺身隊ハ可及的速カニ帰郷セシム

その後、借り上げ住宅の返還もあるので、すべての学徒は二ヶ月以内に帰郷すべしの命令が出た。寮も十月十五日が退去の最終日である。

半田市亀崎町の旅館を中島が借り上げて寮にしていた。そこには百人近い男子学徒や徴用工が住んでいた。終戦より数人づつ帰郷して行ったのだが、男子学徒の「紅の血」は燃え尽きていなかったようだ。

平成二十年になってその旅館が取り壊されることとなった。

解体作業が始まり、彼らが暮らしていた部屋も取り壊す。押入れがあり、押入れの上部に細く横長の収納部がある。天袋《てんぶくろ》といわれる部分だ。天袋は縦三十センチほど、横九十センチほどの襖《ふすま》が二枚設えてあった。それを外すと襖の裏に墨で認められた書があった。

これを書いた人物像の特定はできないが、この寮を出て行く際に書き残した惜別の詩である。書は左の襖と右の襖にあり、それぞれ別の人のものである。

まず九月末に退寮した人の書を紹介する。

○

昭和二十年九月末日
第一軍需工廠第三製造廠／亀崎寮を去るにあたりて
本寮生活茲に二年一ヶ月八州の／健児日夜その言葉をかわせ

一路決戦航空機の増産に邁進／せしも戦意は如くならず終に
敗戦の秋となりぬ／今以て何をか云はん　然れ共
去寮の念にさそはれ手足の／動ぜざるを！
幾多の友今は死して靖国の／人となり九段の桜下にて再会
をと約せし事も終に稔ら／ずと思へば又胸中雲片来り／涙にむせぶ！
然し期　今日に到り徒らに／なげく時にあらず再建日本
平和建設に一路邁進あらん／事を諸兄に祈り又約す

戦負け
　意の如ならず友を置き
故郷に帰る
　　秋雨の朝

一寮生　（注・英文字のサイン「F.S…」）

これが男子学徒の行動、心意気そのものである。敗戦を悔い、友との別れを悲しみ、戦死した友と「九段の桜下にて再会をと約せし事も終に稔らず」と嘆く。

これを書いたのは九月末とある。終戦後わずか四十五日だ。長く培《つちか》って来た軍国思想はそう簡単には捨てられないことは分かる。ただ、この人は心の中では、平和日本の到来を喜んでいるように感じられる。

だが、もう一方の書、十月十五日退寮のこの人はちょっと筋金が違う。

○

想出の亀崎寮我去るにあたりて
当寮生活茲に二年一ヶ月光陰矢の如く
行きて今本寮を去らんとす
想ふにその間幾多の楽しみあり苦しみ
ありて今日に至る
例へて言ふ第二次ブーゲンビル茲に完了し
第三次ブーゲンビルをも決行せんとす実に楽し
友もその戦果を背にしてなつかしの故郷

へと去った
又決戦に備へて三度の食も雑炊となり空腹
実に筆舌につくし難きものありてかなし
時既に今日に至りて我に利あらず戦八月十五
日にて遂に我一億同胞並びに盟邦国民の
意とならず終りを告げり　然して本寮に幾
多の思出を残して十月十五日鞭をもて追れ
んとす！　悲しいかな！
その日目前に迫る　又何時の日想出の本寮
を訪ずれるの期ありや？
永遠にその期はなしと思へば悲涙胸に
迫りて又悲し
願はくば本寮を受つぐ後継者よ我等に
増して愛し我等に増して楽しと笑ひを
持して暮されん事我祈りここに筆

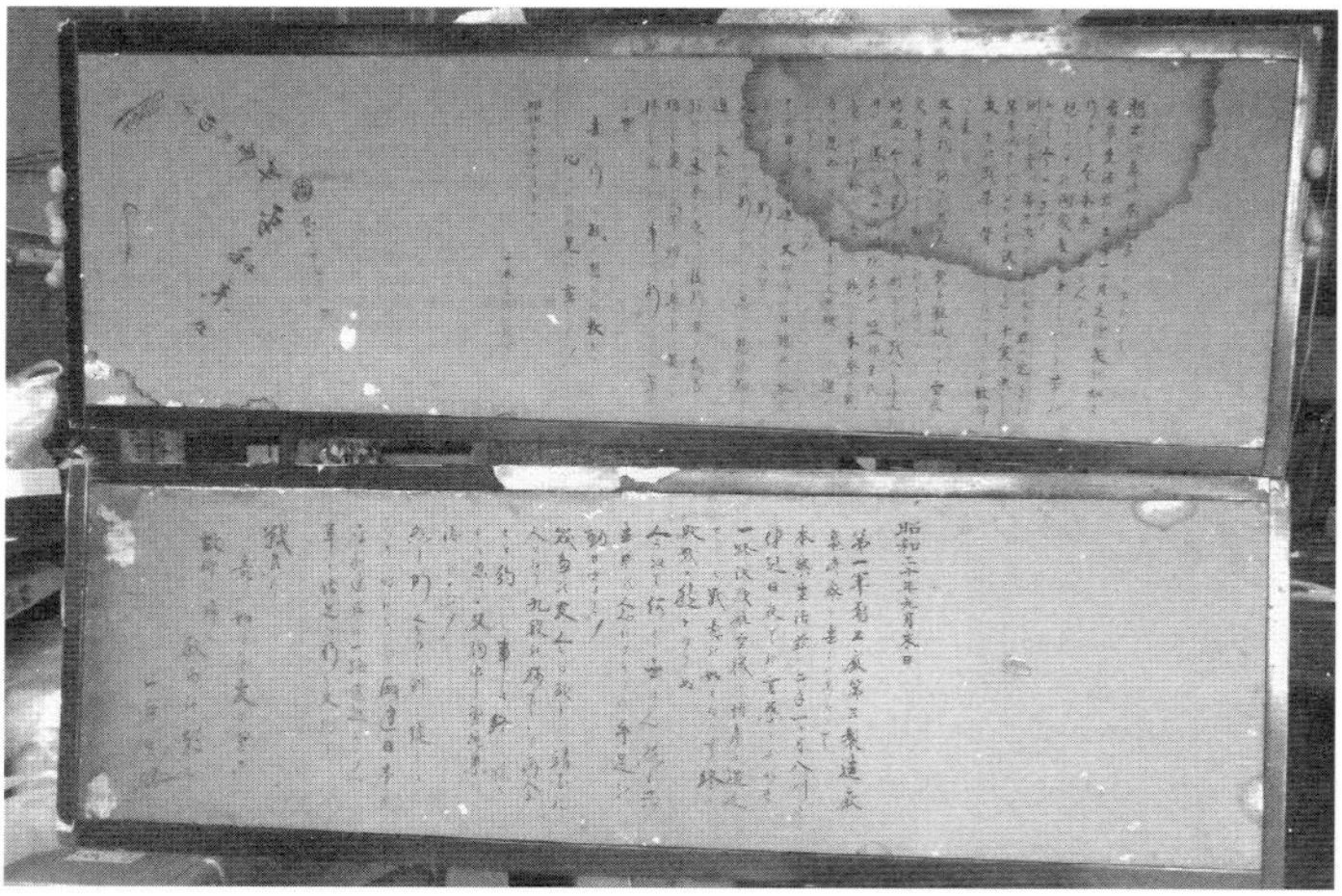

写真㊧「亀崎寮」の天袋の裏に書かれた惜別の詩。

を置く

去り行くも残る想ひの数々に

心うばはれ足の重きを！

昭和二十年十月十日

一寮生茲に記す　（注・寄書きと英文字のサイン「T,Sima」）

無念の情が溢れている。敗戦は受け入れてはいるが、ちょいと背中を押せば銃を取りそうな雰囲気さえある。「第三次ブーゲンビルをも決行せん」は、陥落したブーゲンビル島の作戦を指しているのだろうか。負け惜しみかも知れないが…。

昭和天皇がＧＨＱにマッカーサーを訪ね、あの屈辱的な写真が配信されたのは九月二十八日。この書を十月十日に書いた学生もその新聞も見たはず。あの写真を、どう感じたのか聞いてみたい。

七、朝鮮人徴用工の秘話

終戦直後の十五、十六日、会社（＝中島）は全工員に「自分が使っていた工具に限り、スパナやドライバー程度は持ち帰ってよい」と内々に通達していた。工具や什器など明日は誰のものとなるか分からない。それなら従業員に渡し、少しでも感謝の気持ちに代えよう。そんな配慮だった。

ところが、自分が使っていた工具どころか会社の柱時計や自転車、スクーターまで持ち帰る者が出て、収拾がつかなくなった。十六日には朝鮮人徴用工の乱暴者が工場内で物品の取り合いで暴れたり、大型機械からモーターを取り外して持ち去ろうとしたりして、大もめにもめる。

会社は即座に「工具持ち帰り許可」を取り消した。だが、そうそう簡単にそれは収まらなかった。

終戦の三日後、半田製作所の内外は不穏な動きに満ちていた。

八月十七日のノートである。

時々刻々変化スルカラ　持出　泥棒等ヲ厳ニスルコト　治安維持　火災　破壊　泥棒
風紀　警察　憲兵トヨク連絡
半島工員ニ対シテ　ナルベク早クカヘスモ　帰路ノ途ガツカヌノニ、旅費ダケヤッテモ
ダメナルニツキ方法ヲ講ズルコト

治安の乱れ、盗難などの心配である。「治安維持　火災　破壊　泥棒」を警戒していたが現実に起きている。

さらに、朝鮮半島徴用工（応徴士）の対応には相当に悩んでいたことが重ね重ね分かる。「旅費ダケヤッテモダメ」は、帰国の方法が決まっていない人に旅費の名目で金を渡しても、ただ取られてしまうから無駄だ。旅費にプラスして、何がしかを渡さないと話がつかない──、の意味だろう。さりとて強行にも出られない。ほとほと困っていた様子だ。

実際、いきなり戦勝国になった朝鮮半島人の処遇には、国も中島も有効な方策がなかった。東京、大阪など大都市では土地を占拠して不法な行動を起こす。徒党を組み愚連隊化して乱暴を重ねる。そんなことが日常化していた。

朝鮮半島からの徴用工については、「個人の意に反し強制連行されて来た」説、「個々が希望して日本に就職に来た」説があり、終戦七十年の今も答えは出ていない。

専門家の主張も、朝鮮人徴用工の待遇は、それほど悪くなかったと書く『朝鮮人徴用工の手記』（鄭 忠海著）や、徴用は、ほとんどが強制連行で労働環境は劣悪だったと書く『百万人の身世打鈴《シンセタリョン》―朝鮮人強制連行・強制労働の「恨（ハン）」』（同編集部）に分かれる。

中島飛行機に言えることは、終戦後、中島は「半島工員」を極度に怖がっている。これを冷静にみれば、これまで相当に朝鮮人徴用工を差別し、苛めていたから、その仕返しを恐れているとしかみえない。これは、かなりの負い目があった証拠だ。

しかし、『統一評論』誌に掲載された「中島飛行機半田製作所における朝鮮人強制連行と強制労働、空襲の実態」（金順愛・金貴東著）の論説は極端すぎる。

「動物輸送用の貨車に載せられ、外から鎖で施錠され」連行されて、工場では、「空腹で仕事がはかどらないと棒で殴られ」、「一人が仕事をしくじると三十人全員がバットで殴られる」。さらに、空襲時、「朝鮮人は防空壕に入れてくれない」から四十八名も即死したと主張する。

だが、「連行中に五、六人が列車から飛び降り脱走」したり、「半田工場から抜け出し、市内で十五銭の粥を買って食べた」などの記載も同書にある。「列車から脱走」はそうかもしれないが、「半田工場を抜け出す」自由はあったわけだ。この辺りの矛盾も整理し、更に真相を検証する必要もあろう。

もとより本著は、その論争に入るつもりはない。筆者が取材をして、直接、見聞きしたことだけをノンフィクションに述べるつもりだ。

朝鮮人徴用工の暴動などを心配する中島飛行機半田製作所だったが、比較的平穏に事は運んでいた。それはもともと朝鮮人徴用工の募集や管理監督を外部に委託していたからである。

中島・半田には二千人から四千人の朝鮮人徴用工がいたとされる。ところが藤森の『中島ノート』をみると、その数字はまるでバラバラ。前月千六百余人だったのが、翌月は三千八百余人だったり、項目も「徴用工」や「一般工員」や「半島應徴士」とこれもバラバラ。それに「半島應徴士」の人数欄は空欄が再々ある。学徒の欄は病欠者まで把握していて正確そのものだが、「半島應徴士」の欄は全く違う。几帳面な藤森のものとはとても思えないほどルーズだ。

さらに、終戦の八月十五日現在の在籍人員を『中島ノート』は細かく書いているが、やはり「半島應徵士」の欄は空欄。在籍数は空欄だが出金欄にはちゃんと支出はある。変な感じだが、正直、実態が分かっていなかったのである。

ここで、「応徴士」と呼ばれる朝鮮半島徴用工の雇用環境と生活・労働の実態を知っておく必要がある。

彼らは手配師とでもいうべき募集業者によって朝鮮半島で集められ、日本に送られて来た労働者たちだ。

半田に来た彼らは半田地区を束ねている親方とも監督ともいえる人の傘下に入る。いわば「組」と思えばいい。そして彼らは中島の用意した宿舎に入り、親方（組）の指示に従って半田製作所に働きに出るわけだ。

中島はその組と労務契約を結んでいるので、個々の労働者に対し、作業内容の指図はするが労働条件に言及はしない。それは直接的雇用関係にない派遣社員というより、外注先、下請け先という方が当っている。藤森ノートの不正確な記載はここに起因する。

朝鮮人徴用工たちは概ね三十人がグループになって出勤する。各グループには隊長や班長と呼ばれるリーダーが付いている。そのリーダーだけが日本語が達者で、部下に指示が出来るというシステムと考えてよさそうだ。だから、中島の社員は作業の指示も注意も、そのリーダー任せになる。

実話がある。

彩雲組立工場にも徴用工のグループが幾つも入っていた。作業の遅れもあり、芦澤工場長はリーダーに、「工員に残業をさせてくれ。2時間残業なら手当の他に食券を2枚付ける。4時間してくれたら全員に4枚付ける」と頼んだ。

日本人労働者なら大喜びで残業をしてくれる好条件、これは芦澤工場長の必殺技だったのだが、朝鮮人グループは「いらん」と言って興味も示さなかった。その後、同じような交渉をしたがすべて断られたという。

ここに二つの驚きがある。

一つは、朝鮮人労働者が日本人の工場長の業務命令を一瞥《いちべつ》もなく拒否できたことだ。

概念的に、朝鮮人は日本人の支配下にあって、何でも服従させられていた印象があるが、どうも、そうとばかりは言えないようだ。拒否された芦澤のことを、「長身で大柄で威厳のある人。いつも難しい顔で工場内を自転車で見回っていた。偉い人だよ」と何人もが言う。いかにも厳しそうな印象だ。加えて芦澤は海軍大尉だった。大柄で、威厳があって、元海軍大尉の工場長である。朝鮮人徴用工になめられるようなこともあるまい。だが拒否されたのは事実なのだ。

もう一つの驚きは、彼らが食券を欲しがらなかったことだ。日本人の工員や学徒は、「残業は辛いが嬉しい。食券が出るからやりたかった」と言う証言を幾つも聞いた。

その食券で工場で夕食をとる。寮に帰ると自分の夕食が残っている。二回も飯が食べれる。空腹の若い人には堪らないこと。学徒の間では二回食事することを、「アゲイン」と言って自慢の種、慣用語にすらなっていた。

ところが朝鮮人徴用工は食券を欲しがらなかった。欲しがらない理由が分かった。彼らの宿舎には食うに困らないだけの食料があったからだ。米もある。肉もある。キムチもある。お馴染みのドブロクだってあったという。これだけの環境だったのだから、工場の食堂の赤い飯には何の魅力もなかったわけだ。

平地町に住む間瀬さんの談。

「戦時中、朝鮮人徴用工の長根寮からは肉を焼くいい匂いがしていた。私の祖母が朝鮮人は犬を殺して犬の肉を食べている。そんな所へ行ってはいけない、と言うが、子どもだった私は友達とよく見に行っていた。臭い匂いもした。当時は馴染みのない食い物だったから分からなかったが、キムチだったろうね」。

焼かれる肉が牛か犬かは別にして、「肉を焼く匂い」「酒の匂いがした」の証言はいくつもあった。中には、戦後のいわゆる朝鮮人集落と混同している証言もあるようなので、ここでは他の証言は書かない。

では、朝鮮人徴用工の宿舎にはなぜ食料が多くあったのか。それは、人数にからくりがあったのだ。

分かりやすく仮定する。

朝鮮人徴用工が暮らすA寮があるが、この寮の人数は八百人と申請しているが、実は六百人しかいない。他の寮もそうすると大変な差異が出る。この差異が誰かの収入になっている。また、入寮者の腹に納まっていたのかもしれない。毎食、一人前以上の食事をとれば腹は減らない。

このからくりはごく簡単。朝鮮半島からの就労者を中島が面接するわけではない。実際に管理もしていなければ、実態数の把握もしていないのだ。伝票通りの人数を受け入れ、伝票通りの衣糧を払い出すだけ。だから、「組」の側でどうにでも出来た。中島がチェックできるのは工場の出勤簿だけ。それさえうまく改変すればいいわけだ。

中島の三鷹製作所では、このからくりが発覚して問題にはなっていた。半田では、そのからくりを知っていたのかどうかも不明だが、あの几帳面な藤森がいい加減な数字を書くほどだから、もう手に負えない状況だったと思える。

乙川地区に暮らす韓国名、鄭《チェン》さんは元、朝鮮人徴用工のまとめ役だった。親分と言った方が分かりやすい。彼は当時も寮などには入らず普通の民家で暮らしていた。そして時々、朝鮮人徴用工の寮を見回ったり、中島と交渉したりするのが仕事だった。

鄭さんの近くに住んでいた日本人のNさんは、

「私らが喰うや喰わんの時に、あの家からは魚を焼く匂いや肉を焼く匂いがしていた。腹がグーって鳴ったよ。それに着ている服が違った。こちらはボロボロの国民服。向うは普通の服。もっと驚いたのは、時々あの家には自動車が来た。自動車なんて珍しい時代だ。

見に行くと運んで来たのは米俵や紙袋。それを家に入れていた」。

Nさんは鄭さんの日本名しか知らず、真の事情も掴めていなかったが、戦中、戦後、このようにして物資はどこからか現れ、どこかに消えていたのである。

本来は徴用工の寮に届くべき米俵や食材あるいは衣料が、この家に途中下車して、次はどこかに行ってしまう。そんな図式にみえる。しかし、鄭さんたち親分は、米びつともいえる朝鮮人徴用工たちに不満が出ないように、寮には満足のゆく食料を届けていたのであろう。徴用工の寮内でトラブルがあったという話は聞かない。

なお、しっかりと認識しておくべき事実がある。

昭和十八年から二十年にかけて半田市内の国民学校(今の小学校)に四一二人の朝鮮人児童が在籍していたことが確認されている。保護者数は三四五人との記録。

この児童たちは親と一緒に朝鮮半島から半田に来た子たちだろう。親は中島飛行機や中島飛行機の工場建設を請け負っている清水組(現清水建設)などで働き、子らは学校に通っていたということだ。

もし、一説のように朝鮮半島から彼らを「強制連行」して来たのなら、家族ごと連行して来たことになる。「親は棒で叩いて働かせ」るが、子どもたちは学校に通わせていたわけだ。変な話だ。

念のため、乙川小学校の記録を見てみた。

昭和初期から昭和十六年までの児童数は千三百人前後で推移している。十八年から急増。十九年＝一、八九〇人、二十年＝一、八一六人。そして二十一年には一、四六七人と激減している。つまり、中島飛行機が半田にいた三年間だけ児童数が例年より四〜五百人多かったことを表している。この増え幅全部が朝鮮半島から来た児童数ではないが、前記の裏づけにはなる。そして家族ぐるみで朝鮮半島から働きに来た人が、三四五世帯以上いたことも認識すべき事実だ。

当時、乙川国民学校で朝鮮半島から来た子らと机を並べていた乙川地区の榊原さんはこう言う。

「お互いに子どもだから普通に遊んでいた。あの子たちは朝鮮訛りがあるが言葉に不自由はなかった。親は中島飛行機じゃないかな。よく覚えていない。差別？　なかったと言えば嘘になるが、今のイジメみたいに深刻なことはなかったと思うよ」。

成岩地区にお住まいの杉江さん。

「女房の家のお隣が朝鮮の人の家だった。普通に惣菜を貰ったり、あげたりする関係だった。防空壕を掘る手伝いもしてくれたようだ」。

庶民レベルでは大した違和感もなく付き合っていたようだ。

こんな付き合いなら、朝鮮の人々を終戦後も怖がることはないのだが、国、軍部、大企業レベルでは対策に苦慮するほど彼らを怖がっていた。『中島ノート』で見た終戦の日の大事な指示の一つに「半島労務者ノ処理」があった。それが、朝鮮人を差別し、虐めていた何よりの証拠に見える。

昭和二十年九月から十月にかけて、徴用工帰国のための貸切列車が何本も仕立てられた。国鉄乙川駅では盛大な送別会もあった。列車は彼らを乗せて下関や博多へ向かった。そして、下関港、博多港から船で祖国へ帰っていった。

帰国旅費は、「下関から釜山までの船賃の四百八十円に加え、一人あたり千円を下らない金額を出した」と言う。

その金額も架空の人数分、誰かに支払われていたのだろうか。彼らの給料にしても旅費にしても、中島は徴用工の一人一人に渡すのではなく、一括して管理者に支払っている。

だが、末端まで約束通りに渡っていたとは考えにくい。

——今になればそんな風に推理するしかないが、当らずとも遠からずだろう。

平成になってからも朝鮮人徴用工の一部が、賃金の未払いと慰謝料を求める訴えを起こしている。中島飛行機に関して言えば、彼らに賃金の未払いが生じるようなシステムにはもともとなっていない。未払いの賃金があるとすれば、その請求先は「組」か「手配師」である。

結局は最下層の人間が、あらゆる面でいじめられている構図が浮かび上がる。

第五章　中島製の軍用機

一、米軍に徹底的にマークされた中島飛行機

ここで中島飛行機が造っていた飛行機について書いておきたい。

終戦後、米軍の中島飛行機への目は極めて厳しかった。

中島は、高性能の軍用機、高性能のエンジンを次々と開発したばかりでなく、ジェット機を試作、試験飛行もしていた。それらを掴んでいた米軍は、専門家を多数投入して中島の技術を多方面からチェック。設計図をはじめ製造マニュアルや工具まで押収した。

当時の日本の軍用機の設計製造技術の大半は中島飛行機に集中していたから当然のことだ。新規機種の開発も、既存機種の増産も、まず中島から始めるような形だった。それは、技術の中島だったからもあるが、使い勝手の良い会社だったことも否定できない。

有名な「零戦《ゼロせん》」にしても、そのエンジンは中島の「栄二一《さかえ》」で、本体の生産も三菱航空機と同時に中島飛行機小泉製作所でも量産。生産数は三菱を超える月もあった。

だが、戦時後半、米軍がその性能を恐れていた日本の軍用機は、もはや「零戦」ではなく、それは「彩雲《さいうん》」であり、「紫電改《しでんかい》」だったという。

終戦後、米軍が今後の参考のためアメリカに持ち帰るので完全に整備して納入せよと命じたのは二機種。「連山《れんざん》」と「彩雲」であった。両機種とも中島飛行機が設計生産したものだ。両機は米軍の空母でアメリカに運ばれた。

他に、川西航空機製の「紫電改」と、もう一機種も押収を指定されたが、これらは部品を箱詰めにしてアメリカに送れという命令で本体は送っていない。

太平洋戦争開戦後に建設された中島飛行機半田製作所は、「東洋一の理想的な工場」を目指したものだ。そこでは最新鋭の設備をもって、最新鋭の軍用機を生産していた。

半田製作所で製造されていた軍用機は「天山《てんざん》」と「彩雲」である。そして製造に取り掛かりつつあったのが「連山」である。『中島ノート』で発見した「彩雲改」など未公開の資料もまじえ、半田製作所関連の飛行機を紹介する。

二、不運な名機、艦上攻撃機「天山」

艦上攻撃機「天山」は、速度と航続力の飛躍的向上を狙い、開戦の直前に開発された高性能攻撃機。総重量が五二一〇kgと軍用機史上、前例のない大重量艦載機である。

これは大きな爆弾を搭載できる反面、空母への離着艦に難があった。空母の甲板の長さでは加速が足りず離陸できないのである。

そこで空母からの離艦距離を縮めるためロケット促進装置RATOを装備した。この装置はカパルトを持たない空母からも短距離の助走で発進できる装置で、日本軍初めての実用化である。

また、電波探知機や電波高度計を装備して夜間攻撃を可能にしたこと、自動操縦装置を標準装備したことなど、当時の最先端技術を投入した最新鋭機だった。

艦上攻撃機「天山」　電波探知機のアンテナがみえる。

実戦配備された「天山」は、昭和十八年十二月の第六次ブーゲンビル島沖海戦に初めて参戦、米機動艦隊に対して夜間雷撃を敢行。結果、友軍機と共同で、敵空母三隻、戦艦及び重巡、各一隻撃沈という大戦果を挙げた。

この戦果により「天山」を開発した中島飛行機は海軍から表彰され、また、中島は、「天山」を製造する半田製作所の動員学徒を含む全社員に褒賞金を出している。褒賞金は一人十五円だった記録。同所の従業員が二万人なら合計三十万円、今なら三億円とも六億円とも換算できる金額だ。喜びようがわかる。

艦上攻撃機「天山」は重爆撃が可能で、かつ、夜間も活動できる性能を有して大いに期待された。しかし、空母に載って敵の近くへ行き、空母から飛び立って攻撃に向かう飛行機である。肝心の空母が不足しては、戦闘の前線に出ることも出来なくなったのだ。

やがて陸地にある航空基地に配備せざるを得なくなる。肝心のハイテク装置などは無用の長物になったわけだ。

昭和二十年二月、八丈島を離陸、硫黄島沖の米艦隊を攻撃した天山隊八機は米空母サラトガと輸送船を大破させたのを最期に本来の爆撃機としての戦闘から消えた。

その後、特攻機にもなっていたという。大きな爆弾は抱けるが、機体も大きく融通の利かない爆撃機「天山」が、突撃目標の敵戦艦の上まで、敵戦闘機や艦砲射撃を避けて行けたとは思えない。思い虚しく華と散ったであろう。

まれに見る高性能を有しながら「天山」は、それを活かす基盤がなくなってしまった、不幸な名機である。

三、「彩雲」、われに追いつく敵戦闘機なし

一方の花形機「彩雲」は艦上偵察機。初飛行が昭和十八年五月。日本海軍最後の開発機である。細長い胴体、前方に傾いた独特の飛行姿勢。当時、世界最高の航続距離と世界最

高の速度を誇った最新鋭機であった。

有名なエピソードがある。

偵察中、「彩雲」は敵に見つかった。敵機「グラマン」が一斉に襲い掛かって来た。

「彩雲」は三人乗り。追って来る「グラマン」は一人乗りの戦闘機。見た目では勝負にならない。しかし、「彩雲」は自慢の逃げ足でぐんぐんと敵機を引き離した。

「彩雲」の最高速度は六三五km／h。相手の「グラマン」は五〇九km／h。問題にならない差だ。あっという間に「グラマン」は豆粒のようになった。

喜んだ「彩雲」搭乗の電信員は母艦に打電。

「ワレニ追イック　敵戦闘機ナシ」。

それを受信した母艦の通信員は誇らしげに電文を大声で読み上げた。

「ただ今、彩雲よりの電文受信。本文！　ワレニ追イック　敵戦闘機ナシ！」。

艦内はどっと湧いた。あちこちでガッツポーズの連続だ。

艦上偵察機「彩雲」　当時、世界最高速度を誇った。

ところが無用の打電は軍規違反。打電した「彩雲」の電信員は帰還後、大目玉を食らったが、叱る上官の目は笑っていた。

そんなエピソードを残す高性能偵察機だったが、戦局の悪化で本来の偵察業務でなく本土の守備や敵機攻撃作戦への転換を求められた。

それは本土を脅かす敵の大型爆撃機「Ｂ２９」の迎撃である。「彩雲」の持つ並外れたスピードと高度一万ｍをゆうに飛行できる性能を生かし、「Ｂ２９」を迎撃する命令だ。対機は、急上昇し機銃を斜め上方を狙えるようにして、空対空戦闘機に改造した。このＢ２９作戦」の戦果は伝わっていないところをみると不発に終ったのだろう。また、『中島ノート』には、「彩雲」が魚雷や爆弾を抱けるように雷装改造をしている記録や「夜間戦闘機に改造」の記録もある。高速偵察機から攻撃機へ転換されていたのだ。

ここに「彩雲」の高性能を裏付けるデータがあった。

終戦時、日本の軍用機は戦闘で撃墜されたりして多くは残っていないが、「彩雲」は約二〇〇機が残っていた記録だ。「彩雲」の全生産台数は約四四〇機。実に半数近くが生き残ったのである。これは「彩雲」の高性能を表わした結果とみて差し支えなかろう。

「ワレニ追イック　敵機ナシ」だったわけだ。

四、「彩雲改」製造計画。特攻専門機「キ115」

寂しい記録が『中島ノート』にあった。「彩雲改」の製造計画である。初めてノートに「彩雲改」の文字を見たとき、「彩雲」を更に改良して性能を向上させる計画だと思った。「紫電改」を連想した。だが、さにあらず、これは「彩雲」を木製にする計画だった。愕然《がくぜん》とした。ノートの記載は昭和二十年五月のもの。この時期には既に、飛行機を造る金属もなくなっていたのだ。

はっきり分かる記載がある。

「昭和二〇年度下半期木製機生産内示ノ件」
全般ノ機種ニ関シテハ別ニ指示スルモ木製機用資源確保ノ関係上　特ニ関係ヲ要スルタメ優先内示スルモノトス　接着剤関係ハ左記ヲ考慮スルモノトス

（イ）合板ハ成シ得ル限リ「カゼイン」（含大豆カゼイン）ヲ使用スルコト
（ロ）積層材ハ成シ得ル限リ石炭酸素以外ノモノヲ使用スル如ク考慮スルコト

合板に使う指示の「カゼイン」とは、「牛乳に酸を加えるなどするとカゼインは沈澱して、象牙に似た外観の熱可塑性《ねつかそせい》のプラスチックとなる。これをカゼインプラスチック、ラクトカゼインなどと呼ぶ。印章、ボタンなどの材料として工業的に利用されている。1898年にドイツで発明された。染色が可能（＝ウィキペディア）」。

そして半田製作所の生産目標が表になっていた。

「彩雲改」は、十月に一機生産、以後、昭和二十一年三月までに一一六機生産。

「キ115」は、十月に三〇機生産、以後、三月までに八八〇機生産。

両機で一〇〇六機の生産計画であった。但し、「彩雲改」は試作のみで終戦だった。

この「キ115」とは、陸軍名が「剣《つるぎ》」、海軍名が「藤花《とうか》」。きれいな名だが、機銃も積んでなく、爆弾を抱いて飛ぶだけの特攻専門機といえる悲しい飛行機である。同機は昭和二十年三月になって飛行機不足を補うために急遽開発されたものだ。

中島は陸海軍の大増産命令に応えるため、資材は、「何でもあるもので作ろう。簡単で早く製造できるもの」（設計者・青木邦弘らの記録）を原則に、ジュラルミンを使わず鉄と木で造った。構造も可能な限り簡素化、木材を使いやすくするため機体を丸くしている。粗雑だが、粗雑なりに注目できる飛行機だった。但し、エンジンは「零戦」と同じ「栄」を使い、飛行性能だけは落とさないぞ、という中島の意地をみせていた。

「キ115」は百二十機ほど中島・三鷹製作所で生産されたが実戦配備はされていない。これには中島の技術者が出荷を拒んだからだという。

「飛び上がり飛行は出来るが、機体が弱すぎて着陸は出来ない。離着陸が出来てこそ飛行機だ。飛行機でないものは出せない」と出荷を嫌がる技術者に、軍の幹部はこう説得した。「陸地に着陸できなくても海面に降りればいい。機体は大破しても搭乗員とエンジンだけ回収する。それでいってくれ！」。

中島の技術者は、それでも、「キ115」は片道飛行の特攻専門機なのは分かっている。でも、「特攻がダメ」などと軍には言えない。何やかやと言い訳をし、のらりくらりと出荷を延ばしたという。これも一種の技術者魂であろう。

◯

中島の軍用機設計者を取材した時、「日本の軍用機は敵弾を防御する造りになっていないから多くの犠牲者が出たというのは事実か」と聞きにくいことを聞いた。

彼は、こう明確に答えた。

「軍からの注文（指令）は、戦闘機か爆撃機かの種類と装備。航続距離や最高速度など細かい要求が来る。私たちは要求に応える飛行機を設計する。それが精一杯だった。もし、被弾しても搭乗員を守る飛行機を造れという注文だったら、それは簡単にできた」。

技術者の思想は、「高性能な飛行機を造る」の一点に尽きるのだ。そして彼は言った。

「中島や三菱の飛行機が粗末だったから搭乗員を殺したと言いたいのかい」。

五、「連山」

終戦時に占領軍に押収され、アメリカ本国に送られた「連山」は小泉製作所で作られた試作機である。五機試作され、押収される時に各機から部品の良いところを取り合わせて一機にしたとのことだ。

昭和二十年四月の『中島ノート』を見ると、「連山」は半田製作所で昭和二十年十二月までに、二十一機の生産命令を受けていることが分かった。そしてはっきりと今後の半田製作所での製造計画も明記されていた。また、小泉製作所でも並行して生産する計画だった。小泉は二十年十二月までに、四十六機の生産計画だった。

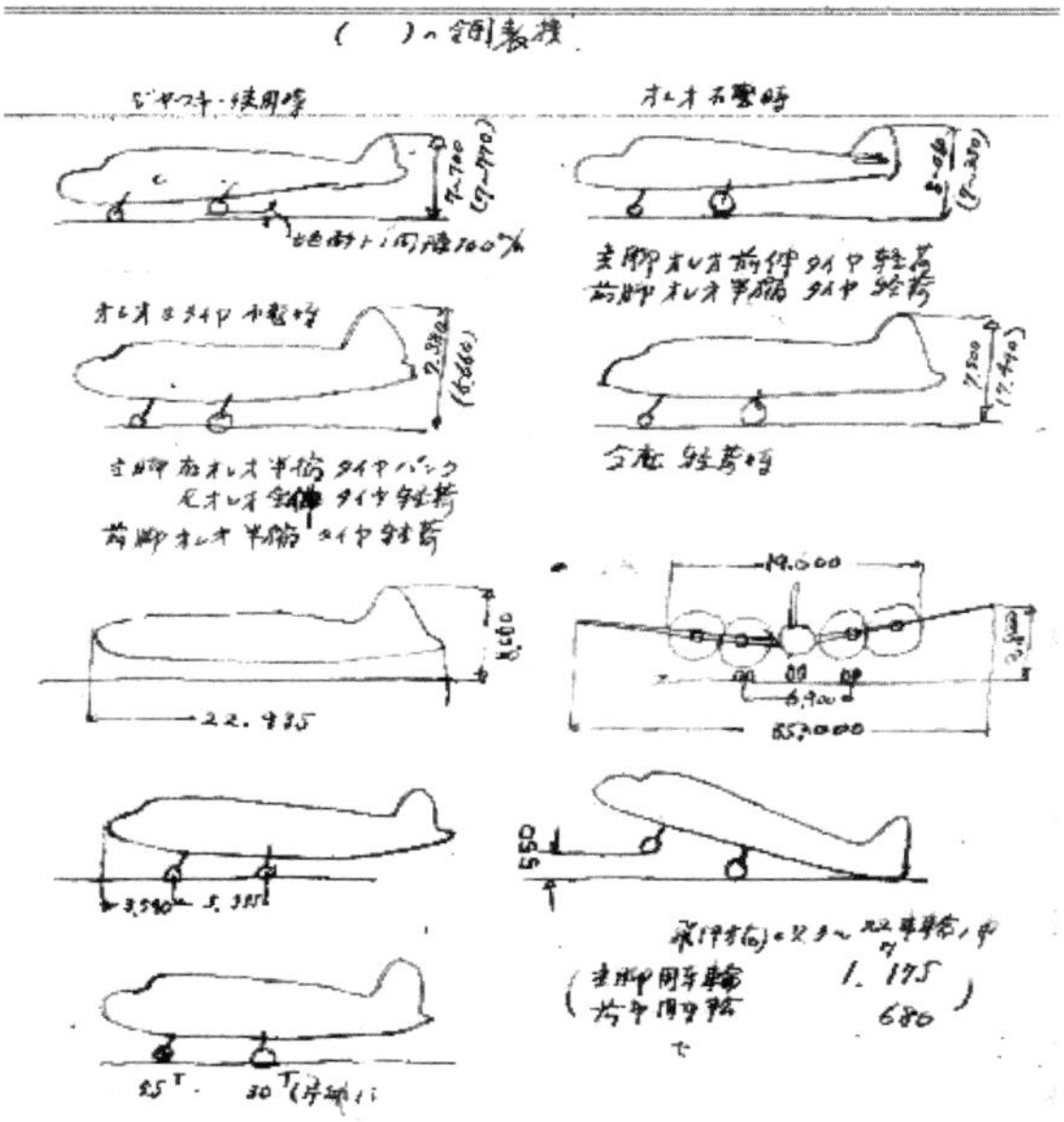

ノートには「連山」の機体設計図が挟《はさ》まっていた。全紙大の大きさで青焼き図面である。惜しいことに経年劣化ではっきりと見ることはできない。再生を考えたが、他に写しもあるので図面は保管しておくことにした。

また、『工作簡易化竝ビニ之ノ適応セル構造式ノ研究　（G機主翼構造ニツイテ）』と題する十九頁の冊子があった。【次頁に写真】

これは「連山」の組立に関する設計段階

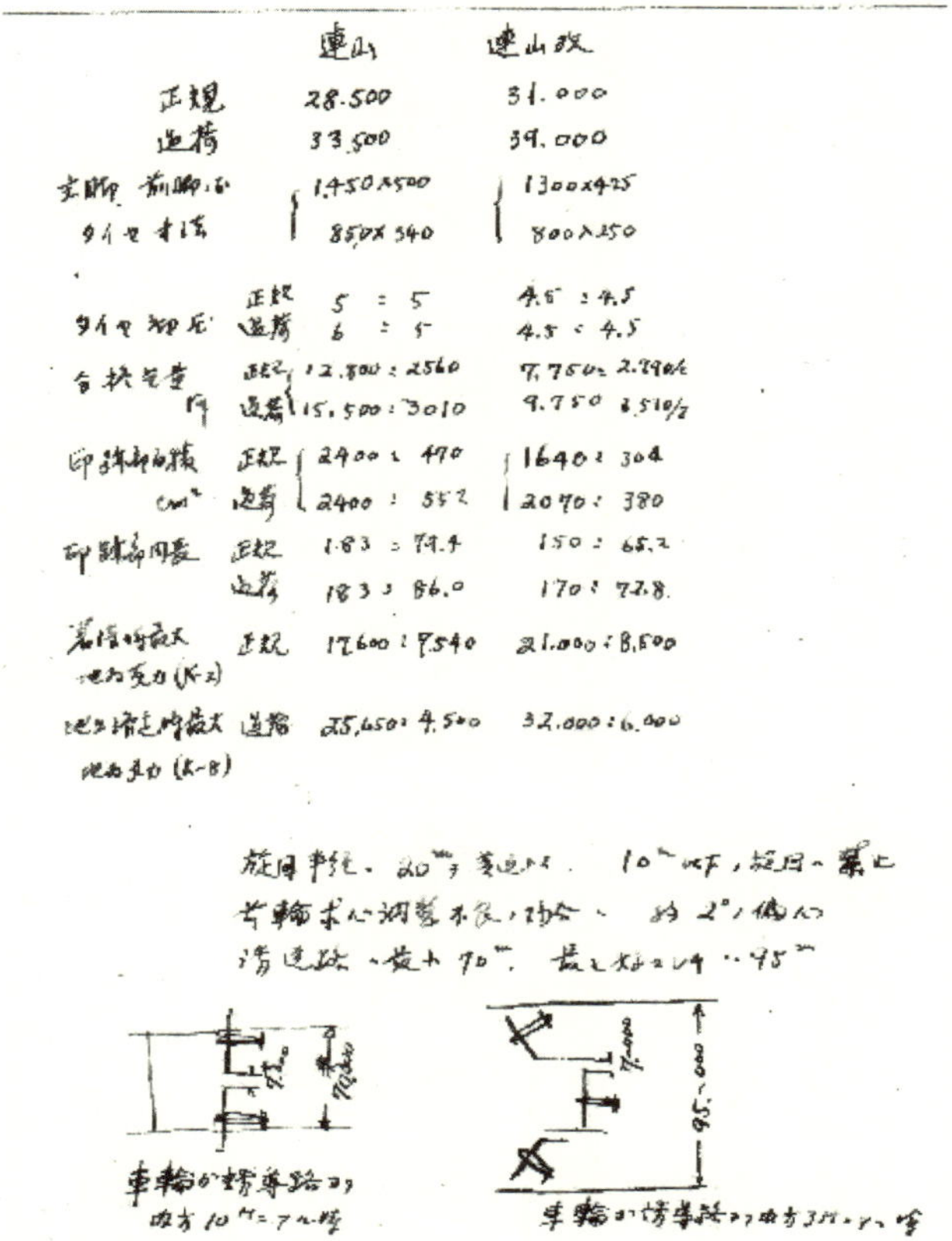

藤森の書いた『中島ノート』の写しの一部。
㊤は、左「連山」と「連山改」の寸法や諸元など。右頁の㊤は手書きの略図。
「連山」の製造にあたり、多くの頁を割いて様々な調査をしていたことが分かる。
写真㊧は19頁の「連山」関連の研究冊子。

の研究書であった。

まず〝序〟では、「G機主翼設計ニ当リテ考慮セル諸点ノ内・・・」とあり、次の〝2、構造一般〟では、「本機ハ正規全備重28、500kgトシテ計画セラレタルモノニシテ主翼ハ翼巾32m540ノ面積112㎡、縦横比約10ナリ・・・」とあることから、この研究書は「連山」のものと特定できる。

ちなみに完成した「連山」は、全備重26、800kg、主翼翼巾32m540、縦横比9・44でほぼ同じといえる。

さらに『中島ノート』には、「連山」の性能を示す詳細なデータや所要材料の明細が細かく書かれていて、既に材料の調達にも着手していた。具体的には半田で九月に一機以上が生産される予定だった。

ここで当時の陸海軍が用いた軍用機の略符号を簡単に紹介しておく。
頭から機種記号、計画番号、設計会社記号、改造番号である。
機種番号は、
A：艦上戦闘機、B：艦上攻撃機、C：偵察機、D：艦上爆撃機、E：水上偵察機

Ｆ：観測機、Ｇ：陸上攻撃機、Ｈ：飛行艇、Ｊ：局地戦闘機、Ｋ：練習機、Ｌ：輸送機

Ｍ：特殊攻撃機、Ｎ：水上戦闘機、Ｐ：陸上爆撃機、Ｑ：哨戒機、Ｒ：陸上偵察機、

Ｓ：夜間戦闘機、ＭＸ：特殊機・特殊滑空機。

設計会社記号は、

Ａ：愛知航空機、Ｋ：川西航空機、Ｍ：三菱重工業、Ｎ：中島飛行機など。

例えば「零戦」は、「Ａ６Ｍ１」だから、Ａ＝艦上戦闘機、６＝計画、Ｍ：三菱重工業１＝改造一回目となる。「天山」は、「Ｂ６Ｎ１」となる。

ちなみに、「連山」の書面には「Ｇ機」と記載されていた。即ち、陸上攻撃機（爆撃機）であることが分かる。後でついた略符号は「Ｇ６Ｎ１」である。

六、アメリカ本土大空襲、超大型爆撃機「富嶽」

さて、「富嶽」に触れておきたい。

アメリカ本土まで空襲できる超大型戦略爆撃機「富嶽」のことを戦後、中島はひたすらに隠している。

昭和二十年九月二日の終戦調印の前後に中島未乙平社長が「富嶽に関する一切の図面、資料は完璧に焼却せよ。今後は話題にもせぬこと。連合国より詰問されても〝全く知らん〟で通すこと」と厳命。このことは十月十三日の本社会議でも全社に通告された。『中島ノート』には、「〝富嶽〟（GF）ノコトハ申シ出サナイ。占領軍ガ来タナラバソレガ調査機関デ　アロウガナカロウガ　口ニシナイ」と藤森も指示している。

この結果、中島の社員が「富嶽」を口にすることはなくなり、図面などは完全に焼却され、「富嶽」は心の底に仕舞われた。そして「富嶽」は幻の重爆撃機となった。

太平洋戦争勃発の年、国全体が緒戦の勝利に酔う中、知久平はアメリカの工業力は日本の比ではない。必ず巻き返してくると分析。『必勝戦索』と題する論文をまとめ、政財界に配布した。超大型戦略爆撃機「富嶽」の構想。アメリカ帰りの藤森と論じたそれである。

徹底的に隠された「富嶽」のことだ。その詳細な機能や性能は謎のままだが、外観と概要だけは『必勝戦索』や当時の技術者の証言で分かっている。

胴体の長さ三十六メートル、主翼の長さ五十五メートル。五千馬力のエンジンを六基持つ巨大な飛行機。航続距離は一万五千キロ、爆弾搭載量は二十トンである。

構想は、一トン爆弾を二十発抱き、日本を飛び発つ。飛び立つ基地は千島列島の北端にある占守島《しゅむしゅとう》。ここからアメリカ本土までは七千kmほど。無給油で楽に到達する。そしてアメリカ本土を爆撃。そのまま大西洋を飛び越えて友好国のドイツ領フランスに飛来。給油と爆弾を補充、再びアメリカ本土を爆撃。そのまま日本へ帰還するというものである。

奇想天外ともいえるこの飛行機はすでに設計を終え、着工寸前であった。

論文『必勝戦策』の主旨は、「この富嶽を至急製造して、作戦を実行しよう。アメリカ本土にいきなり爆弾が降ってくれば敵も驚く。そこで一気に和平に持ち込む。それしか日本の生きる道はない。」である。

当時の近衛元首相、東條首相もそれを支持、知久平を委員長にした陸海軍協力の「富嶽委員会」も設けられ実現の段階に入っていた。中島飛行機三鷹製作所には「富嶽」の工場も造られている。

この「富嶽」は中島では「Z機」と呼ばれていた。「日本最後の飛行機」という意味、そして日露戦争の「Z旗」を考慮した名だった。中島の技術者たちは日本の最終兵器とこれを認識、「皇国の興廃この一戦にあり」と設計したのである。

しかし、日本上空にはアメリカのB29が頻繁と飛来するようになり空襲も激しくなった。何よりも本土防衛が優先される事態である。そして「富嶽構想」は幻に終った。

——B29より先に「富嶽」が完成していれば戦争に負けなかった、などと話題にこと欠かない夢の重爆撃機である。

元海軍大尉の中野清は、「富嶽が一機や二機、アメリカに飛んで行っても戦局は変わらない。アメリカを仰天させる数百機もの大編隊で大空襲すれば戦局も変わっただろう。但し、そんな大編隊はアラスカ沖に行かぬ間に敵の戦闘機に迎撃される。味方の戦闘機の護衛なしでアメリカの領土を横断できるわけはない。それこそ夢物語だ」と言う。そして「仮に富嶽が太平洋を無給油で横断できたとしても、護衛戦闘機をどうして運ぶのだ」と実戦論をぶった。冷静に戦術を分析すればそうなるだろう。

中野大尉が分かることを、海軍大学で秀才に与えられる銀時計を下賜《かし》されたほどの中島知久平が分からないはずはない。知久平の「富嶽作戦」は、はったりだったのだろうか。

そうではあるまい。

冒頭に書いたように中島飛行機はひたすら「富嶽」を隠そうとした。中島にはジェット戦闘攻撃機「橘花《きっか》」もある。これなど実戦配備寸前までいった新鋭機だ。他にも「ロケット」などの開発機はあるが、ことさら「隠せ」とは言っていない。会議の中で機種名や固有名詞をあげて、「口外禁止」を厳命したのは「富嶽」だけだ。

なぜ、「富嶽」を占領軍に見せたくなかったのか。これが疑問だ。

給油なしで一万五千㎞を飛べる航空機能だけなら隠す必要もない。技術者なら誰でも分かる水準だろう。他にアメリカに隠さなければならない機能があったのだ。アメリカがまだ知らない設備か技術が「富嶽」には搭載されていたのだ。そう思うしかない。

それは何だろう。

むろん、推理するしかないが、敵戦闘機が上って来れない超高度を飛べる性能。あるいは、「天山」に積んだレーダー技術を進歩させた「ミサイル」。あるいは、「水素エンジン」や「原子力エンジン」などの新型エンジン・・・。

そんな、とんでもないハイテク技術が「富嶽」に備わっていたのではないだろうか。何しろ当時の中島の設計部には、「ハヤブサ」の糸川英夫もいたほどだから。

第六章　半田製作所の秘話

一、半田製作所の誕生秘話

太平洋戦争開戦。

真珠湾の奇襲作戦も成功し、日本は戦局を有利に展開するように見えた。殊に、日本の勝利を信じて疑わなかったのは連日の大勝利報道に酔う一般国民である。町には勝利を祝う提灯行列が出来、高らかに軍歌が流れていた。

軍部では、妄信《もうしん》的な軍国思想を持つ軍人たちの意気は高かったが、この緒戦の勝利は長く続かないと考えていた軍の幹部も少なくはない。

有名なところでは山本五十六《いそろく》海軍大将が知られる。五十六はハーバード大学へ留学し、アメリカの実情を知る。また、海軍大学校教官時代には山本英輔《えいすけ》の影響を受け、新しい航空機観も得ていた。日米開戦前、連合艦隊指令長官だった五十六は、「是非やれといわれれば、初めの半年や一年は、ずいぶんと暴れてご覧にいれます。しかし二年、三年となっては、全く確信は持てません」の名言を残した。これは日本とアメリカの工業力が格段に違うから飛行機などの生産が追いつかないからということだ。

ちなみに連合艦隊指令長官、海軍大学校長などを歴任した山本英輔は、日本海軍で最初に航空機の将来性に着目した眼力を持つ。さらに二・二六事件の叛乱《はんらん》若手将校にも同情を示すリベラルな一面もある。そんな広い視野に立てる軍人である。

中島知久平も海軍大学校卒、銀時計組だ。そしてアメリカ、フランスへの視察歴を持ち、山本英輔の影響も大きく受けた。知久平は政治家として、航空機至上戦略を盛んに唱え、「航空機で対抗できなければ日本全土は焼け野原になる」とさえ言い放った男だ。

しつこく書くが、大東亜戦争開戦の頃、自らの眼で欧米諸国、殊にアメリカを見て来た軍人は、この国と戦争して勝てるとは思えない、という感想を持ったのは極めて当然のことだった。

しかし、アメリカとは開戦してしまった。もう後には引けない。武器が要る。飛行機が要る。特に飛行機だ。

陸海軍からは、飛行機大増産の号令が中島飛行機、三菱重工業などに飛んでいた。

——今頃になって、遅すぎるよ、知久平はブツブツ言うが、零《こぼ》してばかりではいけない。直ぐに飛行機大増産の算段を始めた。

増産をするためには幾つかの問題の解決が必要だった。

一つは、信じられないような障害である。陸軍、海軍が仲が悪いのである。それだけなら陸海軍だけの問題だが、生産工場は陸海軍それぞれの顔色を見ながら飛行機生産量がどちらかに偏らないように調整をしていたほどだ。陸軍機の出荷が多いと海軍が怒る。海軍機が多いと陸軍が怒鳴る。全く同じ飛行機でも陸軍と海軍では別の名前をつける。

そんなバカなことが現実に起こっていたのだ。

中島飛行機の主力工場は膨大な設備を有する太田製作所だが、ここは陸・海軍機を同時に造っていて、先のトラブルが絶えなかった。そこで陸海軍機の生産を分離するため、太田製作所の近くに小泉製作所を建設、ようやく稼動を始めた段階だった。

太田で陸軍機を、小泉で海軍機を製造する。但し、小泉は敷地は四十五万坪の大工場だが、ここだけでは海軍機の需要をこなせない。

新工場が要る。

知久平は藤森を呼び、新工場の建設候補地の選定を命じた。藤森は小泉製作所建設の責任者でようやく小泉を完成させたばかり。ほっとする間もなかった。

新工場建設の際、知久平が拘ったのは自社の飛行場を工場内に確保することだ。

従来から自前の飛行場を持たぬ弊害は多かった。試験飛行も陸海軍の飛行場を借りなければいけない。また、出荷時も遠い飛行場まで延々と牛車で飛行機を引かせて運ぶ。これは不自由だった。機密も保てない。また、自前の飛行場を持てば、開発設計から飛行まで、自社一貫製造が完璧になる。そうも考えていた。

小泉製作所建設に合わせ千三百mの飛行場も造ったが、太田と小泉が共有するために両工場の中間に造った。その間の距離は６㎞。専用とはいえ使い勝手が悪かったからだ。

——海軍機専用工場で自前の飛行場を持つ……少なくとも六十万坪の土地が要る…

既に太平洋戦争に突入している今、突貫で始めなければ間に合わない。難問は山積だった。

候補地の選定にも陸軍の顔色を見なければいけなかった。

海軍機の製造工場だから陸軍機の製造工場の近隣は避ける。それは協力工場の取り合いを避けるため。資材の購入をスムーズにするためだ。陸軍との内々の摺り合わせ。そんなバカみたいな検討の結果、中島の新工場の建設地は箱根山以西になった。

最初に三島で一定の土地を入手。ところが面積が狭く計画に合わず、発動機の工場とした。後に防禦《ぼうぎょ》戦闘機の機銃を製造する三島製作所になった。

次は静岡で適当な土地があったが、既に三菱の工場があったので遠慮する。浜松で良い土地があったが飛行場を設けるには面積不足。これも購入して発動機の工場にした。

六十万坪を超える平地はそうそうない。建設資材を順調に搬入するには鉄道も敷かれていない山間部では建設に何年も掛かり駄目。

中島は、藤森は、困っていた。

それを知って中島知久平のところに飛び込んで来た男がいた。衆議院議員の山田佐一である。

「中島総裁！　わが半田市に飛行機工場の建設を願いたい！」。

知久平は立憲政友会の総裁。山田は政友会の中堅議員。知多郡議、愛知県議を経て、昭和七年に愛知二区から衆院に出た地方の実力者であり、地元半田市では山田紡績という大紡績工場を持つ実業家でもある。

「山田君、そこは知多半島の半田市かね。名古屋の海岸寄りだったね」

中島は地図を持って来させ、山田と額を合わせて見入った。

「六、七十万坪はいるんだよ。この土地では全く足りない」

「違います総裁。この海岸を埋め立てるんです。半田市の衣浦湾岸を必要なだけ埋め立てたらいい。百万坪でもゆうに確保できます」

「埋め立ては可能か？」

「半田市の湾岸部のほとんどは新田です。江戸時代に埋め立てた土地です。この扇の形の部分、ここは新田と遠浅の海です。この一帯はどうですか。乙川地区と言います。鉄道もある。海もある。資材の運搬には船も使えて絶好です」

「そうだな」

「新田には私の土地もありますし、大部分は私の友人の所有地。買収も簡単でしょう」。

山田佐一の提案は絶好だった。山田は半田市屈指の有力者だ。市や他の有力者への働きかけも容易だろう。

話は決まった。

知らせを受けた藤森が下見のため半田市に入ったのは昭和十七年六月六日。それから十日も経たぬ六月十五日には半田製作所建設委員会が小泉製作所内に置かれた。そして建設委員の石井亮三ら先発隊が、その翌日には半田に向かっていた。

山田佐一は半田市に建設委員の石井らを紹介、まず土地の取得にかかった。

用地の買収業務は全て半田市が行った。中島の担当、石井亮三の弁。

「土地の買収は半田市が行い中島は一切関わっていない。中島は、半田市が買収した土地の代金を提示された金額のまま支払った。市の担当は土木課長だった。こちらの担当は私と奥谷課長。六月末ごろより代金の支払いを始めた。登記事務は町田氏。町田は群馬の元登記所所長だから万事スムーズだった」。

工場用地として買収した土地は、今の武豊線から海岸までの田畑と沼地で、人家は四、五軒だったという。広大な土地だが地主制度が生きていた時代のこと、土地の大部分は一人の地主、亀崎町の伊東氏だったから難なく済んだ。

土地の買収に関して、戦後、「中島は小作人に離農の補償をしてくれなかった」との声があったと聞く。これは誤解だから明快に書いておくが、土地は半田市が地権者（地主）と買収交渉をし、中島はその土地を無条件で引き取った。二者とも地主と小作人との耕作関係に立ち入ることもない。だから離農補償が存在するのなら中島や半田市でなく地主に求めるべきなのだ。


起工式は昭和十七年八月二十日に行われた。建設委員の下見から二ケ月少々、あっと言う間の出来事とさえいえる。

その間、こんなエピソードがあった。建設委員の一人、斉藤昇の話。

「半田製作所建設当時、半田市の方は、三菱、愛知、川崎等は知っていても中島の存在を知る者はまれで、コッケイなほど認識不足だった。例えば、中島には自動車が五台位はあるのかと聞く者さえあるのに全く驚いた」。

そして半田市の市議会議長や市の幹部、有力者、さらに報道関係者を中島飛行機本社の太田へ招待した。

「太田工場の近代設備にも驚いていたが、厚生施設が整っていたのに特に驚かれていた。社員倶楽部をお見せしたら、これは名古屋のホテルより立派だがや！　と言って、それからは中島のことを信用してくれるようになった」。

半田製作所の工場用地の整地と埋め立て工事が始まった。

陸地六十八万五千坪の地盛り嵩上げをする。海面埋立て地は四十六万五千坪である。それを突貫工事で進める。工事は清水組が請け負った。清水組は千馬力のポンプ船を導入、衣浦湾の海底の砂をポンプで吸い上げ、埋立て地の一番上にパイプで流し出す。そこには太い松や杉の木材が縦に横に置かれる。杭である。そこに海砂は上から下に流れ、少しづつ固まって行く。

どんどんと海岸は一面の更地に変わっていったのであった。

工事中の半田製作所の本工場。その建設中にも既に飛行機生産は開始されていた。工場は山田佐一の経営する山田紡績の大きな工場が三箇所そっくり貸し出された。さらに東洋紡績、都築紡績など周辺の大工場が買収または賃借に応じた。それにより本工場が出来る前に稼動を始めることができたのである。

技術者は太田や小泉から転勤や出張で送り込まれ、全国から徴用工が集められ、そして学徒動員も始まった。工場従業員は直ぐに一万五千人を超した。

社宅がいる、寮がいる、学校も病院もいる。半田製作所のある乙川地区は人口5千人の農村。その村が一気に二万人の町になるわけだ。綿密な都市計画が立てられ、区画整理がなされた。その規模は、工場関係が一一五万坪、市街造成に一六四万坪。計二七九万坪に及んだ。

飛行場も造られてゆく。滑走路は幅七〇m。長さ二、五四〇mと一、七九〇mの二本が出来る予定だ。

この半田製作所から一番機「天山」が飛んだのは。何と昭和十八年十二月である。工場着工式から一年半、信じられないほどの脅威のスピードである。

〇

「山田君、一杯、行こう」

酒の飲めない中島知久平が山田佐一を誘った。

東京の神楽坂にある知久平の行きつけの料亭である。二人は暫く話し込んだ。そして。

小柄な知久平が障子を揺らすほど大声で笑った。

山田がにっこりと笑い、手をポンポンと叩くと、芸者衆が座敷に入ってきた。
これから一年と八ヶ月、半田製作所は一、三四七機を飛び立たせたのであった。

二、幻の映画『制空』秘話

映画『制空』

私の手許に幻の映画フィルムがある。

昭和二十年三月製作で同年八月公開予定だった映画『制空』（電通映画社）だ。終戦のため公開されることなくお蔵入りとなっていた、まさに幻の映画である。元の持ち主は藤森正巳。そのご子息、藤森是清氏のご厚意でここに来た。

舞台は中島飛行機半田製作所。ロケ地でもある。

内容の趣旨は、飛行機造りを奨励する国威昂揚映画であるが、映画としての一定の質の高さを持っている。

冒頭、「陸軍省検閲済　海軍省検閲済」から始まり、シーンは多数の重爆撃機が夥しい爆弾を投下する様子、さらに、「零戦」だろうか「隼」だろうか戦闘機が飛び交う勇ましい幕明けで戦意高揚を鼓舞している。製作の意図が明確だが、この映画は単なるプロパガンダと違う味がどこかある。それもそのはず監督・原作は亀井文夫。亀井は反戦的な映画を作ったとして治安維持法違反で逮捕され、昭和十七年に巣鴨拘置所に投獄された経歴を持つ人物だ。

『制空』トップシーン

亀井の死亡記事がある。昭和六十二年三月十四日の朝日新聞だ。

「映画監督亀井文夫は、戦前、戦中、戦後と、３０本を超える記録映画、教育映画を手がけ、１本の戦争協力映画も撮ることなく、投獄されても説を曲げなかった」。

そう哀悼された亀井だが、この映画は撮っていた。

亀井の作風を少し紹介しておいた方がいいだろう。

昭和十四年に『戦ふ兵隊』を撮った。これは戦意高揚を目的に依頼されたのだが、疲れきった兵隊を描き、上映禁止となった。昭和十六年には観光映画の触れ込みで、『信濃風土

記　小林一茶』を撮ったが、これも生産に疲れた農民を描き、反戦色が濃厚なものだという。

このように戦前のファシズムに抵抗した映画人、亀井が撮った『制空』は、国威昂揚《こくいこうよう》ばかりでなく、「疲れてサボる少年工」、「助け合う工員たち」など、ヒューマニズムも根底に見え隠れしている。投獄歴のある亀井だから検閲《けんえつ》もさらに厳しく、これが精一杯だったのだろう。

だが、戦局の推移も戦争結果も知っている平成の今になって観ると、様々な思いが交叉する。それは「国民を騙《だま》す行為」である。悲しくもあり、滑稽でさえあり、また、情けない場面もある。

昭和二十年三月のことだ。敗戦濃厚なことを知っているはずの教師が、小学生たちを整列させ、「兵隊さんには特攻隊がある。私たちにも特攻隊がなくてはならぬ。早く卒業して工場に行って飛行機を造りなさい」と檄《げき》を飛ばしていることなどだ。その先生たちが数ヵ月後、「反戦、民主化、自由主義」を教壇で熱弁したことは、みんな知っている。

人間は可哀想だ、と思うしかない。

それはそれとして、ロケ地が半田製作所、小泉製作所だから、工場の作業風景などは半田や小泉のものだろう。女子挺身隊の様子。エンジンを取り付ける作業。プロペラが裸で回るシーン。リベット打ちの風景。学徒が行進して工場へ入るシーン。当時の工場を知る人には懐かしい場面が多いはずだ。学徒もエキストラで登場している。藤森も映っているという。

原作・監督＝亀井文夫、編集＝大條敬三、演出＝中川順夫、国木田三郎、大森敬三
撮影＝源佑介、宮西四郎、田中十三、渡辺令、千田勝男
主題歌『制空魂』作詞＝西條八十、作曲＝古関裕而
上映時間は一時間十六分。ＤＶＤになっていて画質も悪くない幻の映画である。

三、中島飛行機半田製作所々歌の秘話

太田製作所が大方の完成をみたのは昭和十二年頃。その時期、昭和天皇の行幸があり、行幸を記念して太田製作所々歌が出来たと聞く。さらに小泉製作所にも所歌が作られていたので、半田でも、所歌が欲しいということになった。作詞は有名な西條八十に、作曲は

やはり有名な古関裕而に依頼した。

昭和十九年二月末だった。西條八十と古関裕而の両氏が半田製作所に来て、工場内と市内を見学した。労務課長の松山が案内した。その夜、社員クラブで夕食会が行われ、松山正一、鈴木勝弥と石井亮三の三人が出席している。西條、古関の両氏は、日本酒を好まれて相当飲んだという。最後に出したウイスキーにも大変、喜んだと石井は言う。そして、石井が結婚することを知ると、西條八十が石井に結婚祝いとして詩を書いてくれた。


そしてレコードになった半田製作所々歌だが、半田製作所がなくなり誰も歌わなくなってしまう。レコードもなくなっていた。

ところが、元輸送機工業役員の大和《おおわ》黎生郎《れおろう》氏が「所歌のレコードがあるよ」と言う。氏が同社の総務部長時代にどなたかが寄贈して下さったと言う。名前は名乗られなかったそうだ。輸送機工業ではそれを額に入れ応接間に飾っていた。

そのレコードは大和のご尽力で「はんだ郷土史研究会」に再寄贈された。

レコードはA面が「半田製作所々歌」、B面は、中島飛行機半田製作所「突撃隊の歌」であった。

レコードと共に一通の書面があった。筆者名はなかったが内容から見当はついている。先に名の出た衣糧課長の鈴木勝弥だろう。文面は次の通り。

＊

半田製作所も小泉製作所よりの配転が一段落し増産体制も整ってきたので、所歌を作ったら、との意見が出た。

１９年3月所歌の制作が決定された。作詞は西條八十先生、作曲は山田耕筰先生に依頼することになったので、電通名古屋支社を通じて、二人の先生にそれぞれお願いした。西條先生は4月上旬、半田製作所の現場を見たいということで、半田に来られ、私も工場を案内するのに立ち会った。

先生は５２歳で、柔和で、瀟洒《しょうしゃ》な紳士だったが、時々鋭い質問をされた。その夜、亀崎の社員クラブで夕食を共にしたあと、先生は色紙に次のように書かれた。

詩筆四十のたそがれに
悲しきかなや白き米
仏陀の如く燦として

さすが西條先生ほどの著名な先生でも、食料不足には困っておられたらしい。その色紙は終戦まで社員クラブの玄関の壁にかかっていた。
五月一日、西條八十先生から、所歌の歌詞が届いた。早速、電通名古屋支店を通じて、山田耕筰先生に作曲を依頼した。
この年の七月十五日、詩人の山田岩三郎さんが訪ねてきた。白鉢巻で働いている工場の中を見たいとのことだったので、私が本工場を案内した。七月二十三日、山田先生から来信があったので開けてみると「突撃隊の歌」の歌詞が入っていた。(中略)
秋も深くなった十月五日の朝九時半頃、衣糧課(住吉工場)にいた私は、一人の中年紳士の訪問を受けた。名刺を見ると「山田耕筰音楽事務所支配人高林○○」とある。早速応接室に招き入れると、その支配人は言った。
「御社から頼まれていた所歌の作曲ができましたので、本日持参いたしました。ついては請求書も持って来ましたので、本日現金で頂戴したい」。
請求金額を見ると金三千円也。作詞料は電通を通して二千円と決まっており、私はその金額によって稟議書の決裁を貰っていた。当時の二千円は凡そ今の六百万円にあたるので、六百万円が九百万円に値上がりしていたことになるわけだ。(中略)
十一月四日の本工場を皮切りに十一月六日までに四工場と主な寮で発表会を開催し

た。この時には所歌を吹き込んだ二人の歌手伊藤さんと安西さんも来演してくれ各会場共に盛会裡に終わった。この発表会以後、工場の休憩時間や夜の寮の食堂で二つの歌を流してその普及、浸透に努めた。（後略）

所歌を発注した時の石井氏の記述、その後の顛末。まこと興味深いものがある。下世話な話だが、安西愛子らを呼んだ発表会には、今の金にして一億円ほどかかったという話である。また当時、半田製作所への通勤時、従業員は列を組み、この歌を歌うのが常だったと聞いた。

半田製作所々歌

西條八十　作詞
信時　潔　作曲
奥山貞吉　編曲

1　衣が浦の潮風に
総突撃の意気高く
今こそ行かん　翼の戦士

大中島の精鋭我等
　輝く瞳　炎の気魄
奮ふは今ぞ　半田　半田　半田

2
錬磨の技に　殉国の
情熱籠めし我が翼
大空はるかかけゆくところ
いかなる敵も　みな打ち砕かん
　輝く瞳　炎の気魄
奮ふは今ぞ　半田　半田　半田

3
血戦荒ふ　大東亜
勝利の鍵は空に在り
雲の荒鷲　地上の我等
並べて握らん　凱歌の栄光
　輝く瞳　炎の気魄
奮ふは今ぞ　半田　半田　半田

『半田製作所々歌』のレコード

A面が右の「半田製作所々歌」。作曲は当初依頼の古関裕而から信時潔《のぶときききよし》に代わっている。歌は伊藤武雄、安西愛子。伊藤は当時を代表する声楽家、安西は人気歌手。信時《のぶとき》は「海ゆかば」などで高名な作詞家。

B面は、中島飛行機半田製作所「突撃隊の歌」。山田岩三郎作詞、須川政太郎作曲、平川英夫。歌は波平暁男、二葉あき子である。

写真のレコードはまだ立派に演奏できる。

四、唐獅子牡丹、飛田勝造が来た。秘話

昭和十九年十二月七日午後一時三六分、東海地方をM七・九という大地震が襲った。震源地は三重県志摩半島南南東沖。その対岸、知多半島の半田市は沿岸部を中心に壊滅《かいめつ》的な被害を受けた。昭和東南海地震である。

中島飛行機半田製作所は、海岸を埋め立てた広大な土地に建つ十四棟の大工場と近隣の紡績会社から賃借した工場群で成っている。地盤の弱い本工場群、紡績工場独特の柱が少ない鋸《のこぎり》屋根の造作。これらは地震の絶好の餌食となった。工場の半数は倒壊、残りの工場も生産開始など遠い状態となった。

地震による死者は、半田市全体で一八八名、そのうち一五三名は中島飛行機の従業員だった。地震は工場稼動中の平日の一時半に起こった。作業中の工場には、作業員は隙間をおかずに居る。そこに天井の梁《はり》が落下し壁や柱が倒壊する。機械・工具も散乱。その下敷きに。それらが主な死因だった。

山田紡績を借り上げた吉野工場の悲劇は、女子挺身隊（動員女子学生をこう称した）の昼休みだった。

彼女たちの持ち場は昼食時間帯も作業を止めない職場だった。昼休みも交代制。午後一時から休憩のグループ数十人は工場の外庭でお昼を楽しんでいた。他愛無いおしゃべり、明るい笑い、そんな楽しい輪に突然、煉瓦造りの巨大な煙突が倒れ込んだ。一〇人が亡くなった。

これらの惨状のただ中にいた斉藤昇第五組立工場長は後の手記で、「これで戦争は負けたと思った」と語っているほどの有り様だった。

斉藤工場長ばかりでなく海軍の上層部も同様の思いで顔色を変えた。戦局は良くない。これ以上、飛行機の生産が減ると致命的だ。戦時下である。情報は完全に統制されていて、地震の被害は隠蔽《いんぺい》されているが、大地震の大規模な被害状況は隠しようがない。米国の偵察機が再三、空撮のため飛来していた。

このままではいけない。

誰もがそう思う。しかし、屋根がずり落ち建物の中まで見える工場、ひっくり返った機械、ぽっきりと折れた電柱。こんな瓦礫《がれき》の山を目の当たりにしては、まったく手の打ちようがなかった。

惨事の三日後、十二月十日のことだ。

数百人の屈強な男たちが半田製作所の門を続々とくぐって来た。その手にはスコップや鍬、つるはし。三〇〇人、いや四〇〇人はいる。服装はばらばらだが、誰もが地下足袋に鉢巻姿だ。

一団の先頭に立つ厳つい顔の男が大声を上げた。

「さあ、掛かるぞ！　土方だって御国の為になることを見せてやれ！」。

おっ〜、という掛け声と共に地下足袋の一団は潰れた工場の瓦礫の撤去に取り掛かった。その有り様はまるで既に打ち合わせを済ましていたかのように手馴れて、そして組織だった作業ぶりであった。

この一団を率いてきた男の名は飛田勝造。後に高倉健が演じて大ヒットした映画『唐獅子牡丹』『侠骨一代』のモデルがこの飛田勝造、その人である。

「遠路恐縮です。助かります、助かります」

藤森が飛田のところに駆け寄って来た。飛田は藤森に一礼して、

「遅くなりました藤森さん。東海道線が掛川か袋井あたりで線路が切れているらしく東京から人手を連れて来られない。仕方がないのできょうは京都、大阪の連中を連れて来ました。貨車で九台分、人と道具があります。少しはお役に立つでしょう」。

飛田の身体には背中から胸、尻から太ももの辺りまで唐獅子牡丹の刺青が入っている。だが、飛田はヤクザではない。「ヤクザは嫌いだ。俺は町奴だ」と義理堅く、弱い者の味方になる幡随院《ばんずいいん》長兵衛のような男を自負していた。

その通り飛田は、汗水を出して働かないヤクザを嫌い、日本の最下層に生きる日雇い労働者、いわゆる土方の味方だった。土方に賃金規定や身分保障などがないことをいいことに、権力者に都合よく使われるのを見かね、土方の権利（生活）を守る組合を組織した。大日本労務供給組合である。そして、理不尽な使われ方をされている事を知ると、土方に代わって雇用主と交渉もした。そんな時に唐獅子牡丹の刺青がものを言った。

土方の味方をする反面、怠惰《たいだ》で安易な生き方に走りがちな労務者に対しても厳しかった。働く目的を持ち、仲間や国を大切に、怠惰や遊蕩《ゆうとう》を慎《つつし》む精神を説いていた。飛田は日雇い労働者を「自由労働者」と言い、その「精神的覚醒《かくせい》」と「労士魂の喚起《かんき》」を盛んに説いていている。彼の傘下には一万人を超す労務者たちがいた。

今回の中島飛行機半田製作所の災害復旧も飛田の労士魂が成す仕事だったのだ。

「この地震は御国の一大事だ。飛行機工場を早く復旧して、一日でも早く軍用機の製造を再開させる。そのために大日本労務供給組合はある」。

飛田勝造の一団は丸まる三日間、働き通した。飛田の組織する労士たちは年寄りが多い。戦時中だ。若い者の多くは徴兵されている。徴兵、徴用の資格のない年配の男しか町には残っていない。中には明らかに身体に障害を持つ男もいる。しかし、その土建作業は見事なものだった。本職とはいえ手際よく作業は進む。

彼らにならって中島飛行機の社員も動き始めた。高学歴の社員たちだが土建作業は本職のようにはいかない。

「おいおいおい！　そんな手つきじゃ仕事にならんぞ。もっと腰を入れてやれ！」

土方連中は口は悪いが目は笑っている。

「ダメや、ダメや！　兄ちゃんらは学校を出とるんやろ。もっと頭を使わんかい！」

「どうしたらいいです」

「アホ！　よう見とけ、こうするんや」。

土方連にレクチャーされながら中島の社員も懸命に働く。ここは中島の工場。土方連中は中島の復旧のため好意で汗水を流し働いているのだから、その姿を見て、心が燃えない中島の社員はいない。

「大きなプレス機械がひっくり返っているんですよ。これはどうしましょう」

「テコで起こすぞ。機械の下に板を敷け！　いいか、よいしょ！」

見事、横転していた何トンもあるプレス機械は、どっこいしょとばかり起き上がった。

横転していた数トンもある機械も全てが手作業で小一時間、元の場所に戻った。

　土方連に見よう見まねのレクチャーを受けた中島の社員たちは、どんどんと良い仕事をするようになる。半田製作所に職員・工員は一万人いる。そのマンパワーは大きい。再建というまではいかないが、倒れた柱、転がった機械類の大方は元の位置に戻った。わずか三日で組立第四工場は稼動できるまでになった。

　事実、地震で大打撃を受けた半田製作所だが、この十二月の生産台数は「天山」が前月の四割減の五一機と落としたが翌月は回復。「彩雲」は例月通りの二五機を飛ばした。数字的には震災に負けていなかったのだ。

「これでひと段落ついたから、俺たちは引き上げる。これから名古屋の三菱重工だ。あそこもひどいようだから応援に向かう」

　飛田は土方連中を引き連れて名古屋に向かった。

　本書の趣旨から逸れるが、飛田勝造のことを少し書いておいた方がいいだろう。

飛田はこんな土方連を組織して、彼らを率いて、昭和十二年〜十四年には東京の水がめ、小河内《おごうち》ダムの建設を請け負い成功させている。さらに、大日本労務供給組合結成後は、政府の造船計画、港湾計画の一翼を担った。

また、政府に請われて中国に渡り民衆工作に協力もした。その時の飛田の配下に、右翼の大物で、戦後、良くも悪くも有名になった児玉誉士夫がいる。

戦中の飛田は、大日本労務供給組合を率いて戦災を受けた軍需工場や都市の復旧に尽力した。そして戦後はGHQにより追放を受け、奥多摩に移住する。だが、土木労働者の組織は続け、社団法人「扶桑会《ふそうかい》」を創設、彼らを支援した。

同時に政財界で暗躍したことも知る人ぞ知る史実である。

飛田は戦後から〝飛田東山《とうざん》〟と名乗り政界の多くの大物と交友している。

岸信介、大野伴睦《ばんぼく》、松野鶴平、鳩山一郎、赤城宗徳、中曽根康弘らとは切っても切れない仲だったことは知られたことだ。戦後復興に苦悶する彼ら大物政治家と協力して今の自民党の基礎を作ったと言われているのも事実だろう。

また、意外な人脈に渋沢栄一の子、渋沢敬三や昭和天皇の侍従長、入江相政《すけまさ》がいる。彼らとは特に親しい関係だった。

作家の尾崎士郎、吉川英治、牧野吉晴、尾崎秀樹らとは特に親交が深く、彼らは「飛田東山賛美」の論説を書いている。小説にもなっている。作家にとってこれほど魅力的な人物はいまい。

画家の川合玉堂とも友達付き合いだった。飛田は玉堂の芸術性に心酔、『玉堂美術館』の開設に尽力した。

俳優の高倉健が飛田をモデルにした『侠骨一代』などの映画に出演する際、飛田のところに挨拶に行った。そこで高倉は飛田の心意気、生き様に感銘を受けた。それから、ほぼ一ケ月、飛田の家に通い、内弟子のように接したという。

飛田の人間的な魅力も並外れたものがあったことがこのエピソードでも分かる。

飛田は昭和四十九年秋に〝天皇賜盃三ツ組（勲二等相当）〟を授った。

全身刺青の唐獅子牡丹が宮中に招かれ、天皇から直接、受章を賜ったとは痛快だ。前科者で倶利伽羅紋紋《くりからもんもん》の男へも賜盃する器量があった時代を羨む。

五、地下工場の秘話

思った以上に大規模な地下工場

戦局が厳しくなった昭和十九年夏ごろから軍需工場の疎開が本格化していた。疎開先は山奥が最適だろうが資材の運搬を考えると現実的ではない。そこで地下工場という一見、現実的でなさそうなものが実際に多く造られていた。中島飛行機の三鷹、大宮、太田、小泉、三島などの各製作所でも大規模な地下工場が造られているが、それは守備範囲外として半田製作所のものだけにする。

半田製作所は石川県の小松に大規模な地下工場を建設していた。小松と大聖寺には半田製作所の分工場があって、終戦時までに「彩雲」を十三台生産している。小松飛行場も出来ていた。

小松市の山腹にある石切り場跡を利用した地下工場が数箇所建設されていた。鵜川町や金平町に点在する石切り場跡である。なかには埋め戻されたものもあり、いまだに秘密にされているものもあると聞いた。大きな石切り場では、坑道の長さは二㎞もあるという。地質は石材だから地盤は固い。振動にも強く、地下工場には絶好かもしれない。

これら幾つもの石切り場が地下で繋がると相当な長さになる。まるで蟻の巣のような地下工場が出来るわけだ。そこに働く人々の様子は…　あまり想像したくない。

既に知られているのは「遊泉寺銅山《ゆうせんじ》」の坑道を利用して造られていた地下工場だ。銅山は大正末期に閉山していたが坑道にはトロッコ用の通路があり、近くまで鉄道の線路も通っていて絶好の場所だった。

昭和二十年一月から突貫工事を開始、五月には一部だが工場として操業可能に、六月には部品生産を始めた。当時の広さは八千㎡が完成、床はコンクリート張り。さらに拡大して地下大工場を目指していた。終戦時には工作機械だけで千台以上が設置されていた。

軍部は、地上の小松工場群と地下工場を大整備して、半田製作所を離れ、「独立した工廠」にする計画だと『中島ノート』にあった。そんな大規模な計画だったのだ。

この地下工場には次々と大量の機械、資材が運び込まれていた。

昭和二十年八月十五日終戦直後の『中島ノート』に、「地下工場　機械ハサビル　使ハスオク訳ニユカヌ　コレニ対スル方法ハ」の記述があった。

終戦の混乱の中でも心配するほどの資材があったのがこれだ。

これ以降も「錆テシマフ」が再々『中島ノート』に見られたが九月以降はない。二十一年の米軍の報告書で、この地下工場は実に詳しく書かれている。丸裸にされた工場内の機械、資材は没収されたのだろう。

「彩雲」の発動機架覆

昭和二十四年三月、長野県飯田市の三浦啓祐さん宅で、「彩雲」のカウリング（発動機架覆《かふく》＝プロペラを廻す発動機を覆っているカバー）が発見された。近所に、もう一つ残っているという。

これらは終戦前後からあって、「豊川軍需工廠が疎開の時に持って来て土産に貰った」と三浦さんは言う。カバンに入るものならともかく、縦も横も一mを超す鉄の工作物を、一般民家へ土産に持って来るとは、ちと不思議な話だ。貰った方も困る。

三浦さんも扱いに困ったのだろう、カウリングを鶏の小屋として長く使っていた。カウリングの内側に文字。劣化して見にくいが、赤ペンキで「誉100」と書いてあるのが辛うじて判読できる。「彩雲」のエンジンは「誉《ほまれ》」である。

飯田に「彩雲」の工場はない。しかし大きな部品が二つも見つかった。現物には壊したり剥がしたりした痕跡はない。七十年前の物だが新品である。

さて、何で新品のカウリングが飯田にあるのだ。

この近所に秘密の地下工場があったから？　この近所に隠匿物資の隠し倉庫があった？　七十年の歳月は秘密の物語を作り出してくれる。


ちなみにこのカウリングは、三浦さんから輸送機工業（旧中島飛行機半田製作所）に、「お里帰り」だと寄贈され、輸送機工業では立派な受贈式をして、受け取った。

その日、輸送機工業の西国春義社長

発動機架覆受取り式　於・輸送機工業　2012・5・30

が、このカウリングを見て、しみじみとこう言ったのが印象的だ。

「もっと雑な造りと思っていたが精度も高い。戦時中、初歩的な機械で、工員さんもほとんどが素人。それで、これだけの物を造ったことは本当に驚きだ。飛行機も月産百機以上生産していたのも信じられないほどだ。現在の陣容でもその生産量は難しい」。

カウリングは、多くの人の目に触れた方がいいと半田市立博物館へ再寄贈。博物館では現在もショーケースに収めて常設展示をされている。

文化財並に扱ってもらって、実に幸せなカウリング（発動機架覆）である。

六、隠匿物資が隠匿されて大慌て、秘話

昭和二十年八月十五日を境に日本はがらりと変わった。

がらりと変わったと分かるのは戦後、少し経ってからで、当時の人々にそんな実感はなかったはずだ。ただ、今日この時を生き抜くことしか頭になかったろう。

今は平成二十七年、ここに書こうとしているのが終戦直後の大混乱期のことだ。実に

七十年も前のことである。眉を顰《ひそ》めるような事も生きるためには許される時代だったのである。なかには誤解を招くようなことも書くが甘受願いたい。

資材を隠せ

占領軍がやって来る。赤鬼青鬼がやって来る。そんな感じで日本中は恐怖の中に落とされていた。

一般家庭でも話題になっていた。年頃の娘は山の中の親戚にでも隠さないと進駐軍に犯される。品物は略奪されても泣き寝入りだ。娘は隠せ、金品は隠せ。それが常識だった。資産を持っている企業や財閥も同様だ。資産を如何に上手に隠して進駐軍の目を逃れるか悶々としていた。それは明日を生きる道でもあるのだから当然だ。

中島飛行機もその一社だ。特に中島は八月十五日までは国営企業、十六日から「中島飛行機という民営企業ではない」宣告を受け、宙ぶらりんな企業だったから手の打ちようも全く不明。他社同様にはいかぬ辛さがあった。でも、必死に動いていることが『中島ノート』から分かる。

社内には夥しい資材、材料、機械、工具がある。これらを誰が持っていってしまうのだ。進駐軍だろうか、あるいは国だろうか。これがなくなると、どうあがいても会社の再起は不能だ。何千人もの社員の行き場がなくなる。

中島は必死に資材を守ろうとした。これもまた、当然のことである。

差し障りがあるといけないので、ナマの抜粋は控えるが、概ね、このような方策をとり、会社の機械、資材の没収を防いでいた。

まず、七月二十四日のアメリカ軍の空爆による被害を多く見積もり。資材や機械器具の帳簿在庫を少なくした。これで余剰した物品を本工場から移動し隠匿《いんとく》する。隠匿する場所は従来の倉庫や分工場ではいけない。下請け工場や新しく作った下請け工場にする。そこは中島とは全く関係のない町工場で、中島飛行機の帳簿にない名前の工場だから進駐軍はもちろん、国にも誰にもわからない。そんな手口である。

八月下旬から少しづつ資材の移動を始めた。

運搬を請け負ったのは間瀬組（仮名）だった。

瀬川組が選ばれたのは、この社長がアウトロウの世界にも顔の利く男だったことと半田製作所設立当時からの協力会社で気心も知れていたからだ。この時代、ヤクザや三国人を抑えられないと危ない橋は渡れない。間瀬は、露天商の縄張りを持つ一面もある男。こんな男でないと荷物は守れない時代だった。

運賃は帳簿にない機械や物資を運ぶのだから正規に計上できない。簿外で捻出するしかない。結論は、運搬する物資の五分（五％）程度の現物支払いという約束になった。

トラックが一台あったが、これは県外など遠距離用。近隣町村への運搬具は牛車か馬車だ。積める量と速度は知れている。毎日、毎日、瀬川組の馬車や牛車が、半田製作所から市内某所、東浦町某所、岡田町某所の某工場へ、ぽっくり、ぽっくりと通っていた。

五台の馬車が、ぽっくり、ぽっくりと半田製作所を出て行った。

数時間後、目的の工場に馬車が入って行く。おや、五台だった馬車が四台しかいない。一台はどこに行ったのだ。ある日は五台が三台、三台が二台となっていた。

足りない馬車の荷は、半田製作所の知らない所に運ばれていた。瀬川組が中島の隠匿物資をさらに隠匿していたことになる。瀬川組に「それは運賃だ」と言うだろう。まあ、しょうがない。随分と高い運賃だね。

不当な運賃を取られながらも半田製作所が隠匿に成功して、後に生産現場に帰った物資も沢山あるが、このように、どこかに消えた物品も少なくないのだ。

物資ばかりでなく土地や建物にも戦後のゴタゴタ時代、怪しいものもあった。

検察のメス＝毒蟻肥る温床　二十余の倉庫に封印

隠された物資が誰かに見つかり騒ぎになったことも多々あった。表沙汰《おもてざた》になったのは次の事件。富士産業が摘発された。


昭和二十二年一月二十一日の「中部日本新聞」である。

大見出しは、「富士産業（半田）に摘発のメス　毒蟻肥る温床　二十余の倉庫に封印」

小見出しは、「従業員二万人をようし戦時中活躍した海軍航空機工場　中島飛行機半田工場隠退蔵物資にするどい摘発のメスが下された―

本文、
　名古屋地検では昨年末以来、半田市乙川、富士産業株式会社（工場長三竹忍）元中島飛行機半田工場にゴム、鋼材、重軽油など、膨大な隠退蔵物資が有るとの聞き込みにもとづき内偵していたが、これらの物資をめぐっては情報ブローカー、ヤミブローカーら数十名が暗躍し、偽検事まで出現し、詐欺、恐喝を働くなど、同社の乱脈をつかみ不法隠退蔵物資の確証を握るに至ったので二十日朝八時、武内経済部長検事指揮のもと（中略）岡田町、半田市内周辺に散在する二十数箇所の倉庫を急襲、全倉庫の内部捜査を行い封印するとともジープ1台に証拠書類を満載して引き上げた。（中略）付近の人々の語るところでは終戦時、同工場では軍需資材が連日トラックで長野岐阜方面に搬出されていたといわれる。（後略）

これは、事件の前年の昭和二十一年二月に富士産業が手持ち資材を名古屋商工局に申告しているが、その申告物資以外は隠匿《いんとく》物資だと指摘されたということだ。

その申告の法令やトラブルの原因については、ここで数行で書けることではなく、第七章で凡そ述べる。端的に言えば、富士産業の資産は全て、日本政府、即ちＧＨＱに押さえられていて、それを破った、と思えば理解が早い。

相手が強大な権力なので抵抗は出来ないし、「見識の違い」もあろうが、ともあれ富士産業は大量の物資を隠していたのは事実である。

それを嗅《か》ぎつけたワルが、ゆすりたかりに群がって来た。「幾らかくれないと警察に言うぞ」の脅しだ。新聞記事にあるように、「物資をめぐってブローカー数十名が暗躍し、偽検事まで出現し、詐欺、恐喝を働くなど、」大荒れに荒れていたようだ。

見出しの「肥える毒蟻」はブローカーらのこと。富士産業はたかられる方。だからこの摘発でかえって会社は楽になったのかもしれない。

検察に封印された物資の行方も調べたが不明だった。これも誰かに狙われた？　隠匿物資が再隠匿された？　戦後のゴタゴタ、何でもありの時代だった。

新品自転車泥棒社員

戦後混乱期のモラルの低下は顕著なものがある。喰うため、生きるためなら少々のことは許される風潮があったのかもしれない。

昭和二十二年秋から半田金属工業は開業していた。詳しくは次の第七章で書くが、主力工場は旧中島の富士産業内や半田市乙川地区や阿久比地区にあった。会社は、自転車を製造して日本一の生産を誇っていたが、そこに務める従業員に悪いやつが相当数いた。

仕事を終えて帰る際、自転車の部品を幾つか隠し持って帰宅するのだ。

毎日これを繰り返す。ハンドルの工程に働くA、チェーンの工程のB、タイヤの工程の

Cなど、数人が組めば簡単に全部の部品が手に入る。盗み出した部品を、一つの家に持ち寄る。組立は本職だ。難しくない。あっという間に自転車は完成する。

半田金属は、こんなワルに随分と喰われていたのだ。

当時、自転車は超高級品だった。

「戦災で焼け残った中古の自転車は埃を払って自転車小売店へ持っていけば六〜七千円で引き取ってくれ、小売店では一万円以上の値で右から左へ売れたという。「リンタク」やリヤカーの牽引車として自転車は復興に大きな役割を果した（自転車文化センター）」。

今では考えられないほど凄い値段だったのだ。

昭和二十四年春に阿久比町に就職した小栗利治さんは、「初任給が四、七二七円。同級生で一番高かった」と言う。その月給二ケ月分で中古自転車が一台、買えるかどうかだったわけだ。

そんな時代、ワルの手にあるのは組み立てたばかり、ピカピカの新品自転車である。

ご近所に住むTさんが笑いながら、「あの家は、その金で建てたんだよ」と某家を指差したが、…書くわけにはいかないよね。

第七章　興銀対中島の開戦。中島再建への戦い

一、苦悶の富士産業

中島飛行機再建のための武器なき戦争が始まった。

中島の当面の強敵はＧＨＱ（連合国軍最高司令官総司令部）。ＧＨＱは中島飛行機の企業解体に異常なまでに拘っていた。ＧＨＱが直接指令して解体をした企業は中島飛行機ただ一社だったことが象徴的だ。

そして中島のもう一つの強大な敵は日本興業銀行（通称・興銀）である。終戦の日より

始まった興銀対中島の戦いは長く激しく続くのであった。

戦後処理にあたり、中島がもっとも不運だったのは、昭和二十年四月一日から終戦まで僅か四ヶ月半だが、国営企業だったことである。その僅か四ヶ月半が中島の運命を大きく左右した。

国営化は中島が望んだものではない。

事の起こりは陸軍と海軍が軍需工場を奪い合ったことに始まる。それではまずいと軍需工場を全て国の下に一本化しようとしたものだ。軍部が軍需品の生産を直接管理するがための国策である。

この国策は、三菱、川崎、萑原《えばら》などほとんどの軍需工場が対象で、順次、国営化される予定だった。まず中島が一番に第一軍需工廠となった。次に川西航空機が第二軍需工廠になった。そして、第三の軍需工廠が生まれる前に終戦。ただそれだけのことで中島に何の責任もない。

中島が一番だった理由は、非上場会社のうえ株主がほとんど身内。個人商店が巨大化したような体裁だったので買収や契約の手続きが容易。そんな単純なことからだ。三菱や川崎は上場会社だったから、何かと手続きが煩雑で時間が掛かっていたわけだ。

そして終戦時、中島飛行機という民間会社は形式上は存在せず、第一軍需工廠という国営工場がそこにあるという不運が生まれた。つまり、戦争により被害を受けた民間会社でなく、加害者である国の立場に否応《いやおう》なく立たされていたのである。

戦時中の『国家総員法』や『軍需会社法』に基づいて国民や民間会社が負った損失や対価は、国が賠償することになっていた。中島は戦時賠償を受ける立場と戦時賠償をする立場が混在する、何ともややこしい立ち位置になってしまった。

その典型がこれ。

昭和二十年四月の中島の軍需工廠化の時、中島所有の資材などの棚卸資産を四億二千万円で国に売却したのだが、その支払いが終戦後に延ばされていた。普通でいう未回収の売掛金である。工場内にある資材は国に売ったもの。だが代金はまだ貰っていない。だから、工場内の資材は誰のものか、売掛金は誰のものか、それが中島の財産か、軍需工廠の財産か、揉めに揉めた。

結論は、中島は全てを放棄させられた。資材は取られ、売掛金も入らない。へんてこりんな結果だった。

日本興業銀行（通称・興銀）は日露戦争直後、重工業推進のために興された特殊銀行で、半官半民の大企業融資専門の国策銀行である。戦時中、中島飛行機など重工業軍需会社に政府主導で巨額の融資を行っていた。国は、「金はいくらでも興銀経由で出す。どんどん軍用機を造れ！」といった具合だった。

終戦直後、中島の興銀からの借入残高は二十六億円あった。その内、政府保証融資は十九億円。その借入金は、国策に副《そ》い採算など度外視して軍用機製造に充てたのは無論のことである。

一方の興銀はそれを回収することが銀行生き残りの必須課題だった。二十六億円は興銀の融資残高の三割に及ぶ金額だったから必死だった。

興銀は戦争協力銀行だから、当然、ＧＨＱに睨まれている。興銀の手法、債権を発行して資金を集め、長期的、戦略的に企業に貸し出すというやり方は、いかにも、軍国主義を金融面で支える銀行に見えた。ＧＨＱは興銀を潰す方針だった。

しかし、形式的には民間銀行。強引には潰せない。何か理由はないか。資金的に破綻はしないか。GHQは興銀の隙を見ていた。興銀を残すも潰すもGHQ次第だった。興銀はGHQの顔色を見ながら、あるいはGHQの虎の衣を借りるなど、あらゆる手段を使って生き残りを図った。中島飛行機（＝富士産業）から融資金を回収し、資金力をつけると同時に、GHQが目指す、軍需工場を民需産業に転換させる仕事の手伝いをすることも大事な戦略の一つだった。

昭和二十年八月十七日東久邇宮《ひがしくにのみや》内閣が誕生した。皇族が総理大臣を務めた異例の内閣であり、敗戦処理と同時に、新しい日本の立場を大きく左右する重要な内閣だった。内閣は、敗戦後の国家立て直しという困難な仕事を遂行するため、強力な権威と実行力を必要とした。そのため閣僚は当時その分野での最強実力者が選ばれた。重光葵、吉田茂、下村定、米内光政、松村謙三、近衛文麿ら錚々《そうそう》たるメンバーである。中島知久平は軍需大臣兼商工大臣に就任した。この時代、軍需、商工分野の最強の一人だった。

知久平も中島飛行機の困難を黙って見てはいなかった。強力な助け舟を出した、というか当然の政策であろう。

中島軍需大臣は、「（軍需産業から民需産業に転換する）各企業が所有する土地や建物は軍需品ではない。したがって、それらは個人財産で誰の制約も受けず現状のまま所有者が使用できる。工場内の仕掛品、材料は民生品に転換するのを条件に、その保有者が価格を決めて、それを商工省に支払う。民生品を速やかに安価に市場に出すことは日本再生には必至のことである」と談話を発表した。

商工省はこれを受けて通達として各所に発した。が、これにはGHQが猛反対。結局は、うやむやになってしまった。

知久平はこの後も、事あるごとにGHQに逆らった。

東久邇宮内閣も、政治犯の釈放、言論・結社の自由、自主的な選挙法の改正を提言するなどGHQの意に沿わぬ政策も進めた。しかし、GHQの巨大な権力に抗《あがな》うすべもなかった。最後は、GHQによる内政干渉に抵抗の意志を示すため総辞職。僅か五十四日間、歴代最短命内閣だった。諸説あるがGHQに潰された内閣だったことは間違いない。

この直後、GHQは知久平をA級戦犯に指定する。しかし前述したように知久平の仮病を見逃し、一度も召喚《しょうかん》をしない戦犯だった。知久平のうるさい口を封じるのが目的の戦犯指定だったのかもしれない。

ともあれ、知久平の政治力での危機突破は一旦、出来なくなった。

但し、富士産業も融資の返済を頭から拒否をしているわけではない。

だが、日本一の飛行機製造会社だった中島飛行機は、今や民需品を製造する富士産業である。軍用機を大量生産するために受けた巨額の融資を、鍋やバケツ、弁当箱や乳母車を作って返済するのは至難のことであった。

二、木造船、ブリキの箱、鍋などの製造に

藤森の『中島ノート』の昭和二十年九月ごろからは富士産業と名を変えた中島の生き残りのための涙ぐましいばかりの記載が続く。

まずは社員を食べさせるため仕事をしなければならない。それもGHQが納得する民需品でなければいけない。藤森は製造組織をすぐさま構成した。

組織だって、作業を分割して、効率よく生産する。藤森得意の工程管理である。

ノートには組織図が書かれていた。総務課、営業課、研究課、工場と四つの部門。その

下に、総務課なら庶務、文書、人事、給与、防衛という部署が書かれている現在では見慣れた組織図だ。

工場のところには業務内容が書かれている。富士産業半田工場が何をどこで造っていたかが分かる。

▽本工場＝造船・電機品　▽若宮工場＝金属・日用品（鍍金仕上）　▽内山工場＝木工家具　▽植大工場＝紡績織機修理（機械加工品）　▽亀崎工場＝利材　▽住吉工場＝食品加工　▽大府工場＝造機（鍛造）。

また、富士産業全社の各工場が生産を目指す主力品目が分かった。

これは昭和二十年十月十三日の本社会議の記録からだから公式のもの。終戦二ケ月後にどんな構想があったのかが分かり興味深い。

これらの品目は終戦時、各工場に残った機械工具や資材を有効に使って製造できる点から選ばれたものだろう。飛行機造りをしていた技術者には物足りないものだろうが、これが富士産業の生き残る唯一の道だった。

▽荻窪＝生産工具・歯車・工作機・小型エンジン・理化学品　▽三鷹＝電車車両　▽大宮＝自動車修理・土木農耕用トラクター　▽田沼＝家庭用品・建築加工・農具　▽宇都宮＝鉄道車両・運搬具　▽足利＝日用品　▽太田原＝家庭用品　▽黒澤尻＝建築加工・農機材　▽呑龍《どんりゅう》＝自転車・リヤカー・電機具・厨房具　▽前橋第一＝電機品・自動車部品　▽伊勢崎＝時計　▽尾島＝農器具　▽矢島＝家具　▽小泉＝トラックボデー　▽太田＝自転車　▽半田＝木造船・紡績機ノ修理。

右の一覧を見ると半田工場だけ毛色が変わっている。ここに画一的な発想をしない藤森が見える。

紡績機械の修理は、中島が半田市に進出した際、東洋紡績、山田紡績、都築紡績等など大きな紡績会社やその下請け織物工場を賃借や買収して飛行機部品工場にした。それらの工場には数十万台にのぼる紡績機械があった。機械の多くは金属部分は供出されて、残骸は倉庫や空工場に山済みされていた。それを修理して稼動を可能にする。それを求める需要は必ずあるという発想だ。また、藤森は接収された紡績機械の修理は戦時賠償の対象になると踏んでいた。

木造船は半田工場が海に面していたところからの発案だ。材料の木材は「彩雲」を木製にした「彩雲改」のための在庫があった。良質の木材には困らない。接着剤もある。小型エンジンなどはお手の物だ。漁船も戦時に数多く徴収されて絶対数が不足している。漁船需要は限りなくある。

しかし、この製造には思いのほか苦労した。知多半島の先端の篠島から船大工を招き、叱られながら造船の技術を学んだ。木造船の工場長は斉藤昇、芦澤俊一。昨日まで「天山」「彩雲」を造っていた超一流の技術者である。

それが雪駄履きで咥え煙草の船大工の棟梁に、「何をしとるんだ。そんな風だから戦争に負けるんだ！」と怒鳴られて閉口したとの後日談があった。

木造船は三十トン級のトロール船や沿岸の海草採りに使う小さな舟、通称ベカ舟など相当数を製造した。

それより一年後、昭和二十一年十一月の半田工場の生産実績が分かる。
▽車両修理二　▽べカ舟一　▽ユニットスイッチリード箱三〇〇　▽通風機大小六五
▽衣裳箱四二七　▽二升罐、丸罐など缶類一一七〇　▽障子二三七六　などなどだ。総

売上金額は四五三、七〇九円だった。

二十二年の一月になると、▽電車車両四　▽べカ舟三　▽トロール船二　▽小型動力漁船一　▽缶類六九六　▽バケツ・衣裳ケースなど二八一　▽鍋釜三〇八　▽障子四〇〇▽カバン六五　▽汁杓子七七九二　等など、総売上金額は一、三四三、九六四円になっている。

電車車両は一輌五万円ほど、トロール船は一艘七万円から十三万四千円ほどだ。対して汁杓子は一個一円十七銭。製品を選ばず、注文があれば何でもやる富士産業だった。

だが、どんなに頑張っても富士産業の、どの工場も赤字だった。

半田工場の昭和二十一年度をみると、年間総売上は二、〇三三万円だが、一三九万円の赤字。太田工場や宇都宮工場もほぼ同じ割合で赤字を出している。

この原因は明白である。富士産業に残された旧中島の在庫や資材は興銀が管理し、興銀が終戦直後に算出した棚卸金額が資材の原価となっている。中には融資残高とのつじつま合わせの数字もある。相場より随分と高い材料を使っているわけだ。見方を変えれば、バカ高い材料を強制的に使わされ、せっせと資材の在庫整理をしているのだ。

また、残された機械は旧型のものや平凡なものばかり。良質なものや飛行機製造用の高度な機械等は全て破壊され残っていない。だが、その設備費は負債として残っている。

これでは頑張っても頑張っても利益はでない。また一定の金額は融資金の回収の名目で興銀に吸い上げられる。そんな図式が出来上がっていた。

そんなバカな、と言う向きもあろうが、富士産業は創立の段階から本社は中島飛行機の本社でも知久平のいる三鷹でもなく、日本興業銀行の本店内に置かれた。社長は中島喜代一だったが、決定権は全てＧＨＱ、そして興銀にあったことはこれで分かる。

平和産業に転じ、やがてはかつての中島飛行機のような会社になるのだと中島の社員は信じて「富士産業」を興した。社長には中島の社長、中島喜代一が就任するのだから、これは中島飛行機の再建だと社員は信じていた。だが、ＧＨＱや興銀は富士産業を軍需工廠の整理会社、債権回収会社としかみていなかった。社長中島喜代一は傀儡《かいらい》そのもの。社員はぬか喜びをしただけだった。

それが明白になったのは昭和二十一年七月のことだ。

ＧＨＱから富士産業の全役員へ、辞任命令が出された。全役員は辞任した。そして、富士産業の社長には興銀の野村清臣が就任。取締役に興銀の戸沢英一、小口彦一。監査役には興銀の広田佐次郎が就き、オール興銀体制が出来上がった。そこに中島喜代一、栗原甚吾という旧中島のメンバーの名はあったが、誰の目にも飾り物にしか見えなかった。

――興銀は富士産業の骨までしゃぶり尽くして債権回収にかかった。

そう言われたのがこの時期である。

中島喜代一社長は、旧中島の社員が、おとなしく働くための看板だった。

このことが喜代一にとって耐え難い屈辱だった。これからちょうど一年後の昭和二十二年七月二十日に彼は世を去った。五十七歳の若さであった。

富士産業の全役員はGHQ命令で辞任した。藤森も参事職（取締役待遇）を辞任した。

GHQと興銀のタッグマッチといえるこの事態。これが来ることを藤森は早くから予期していた。それは『中島ノート』に昭和二十一年七月前後から、かなり過激な言葉で中島の経営陣を攻撃していることで分かる。「だから言っていたじゃないか！」の後悔と叱責である。

次の走り書きがあった。

——技術屋バカリ偏重スルカラダ　経営陣ハスベテ技術屋　喜代一モ乙未平モ技術屋ダ　事務屋ハオレダケ　コレデイヽハズハナイ　損益計算書モヨメナイモノガ銀行トヤリアヘナイ　銀行ガヤカマシク言ツテキタラ経理方式ヲチャントイッテオクコトダ

興銀とGHQにいいようにやられ、会社は痛みつけられ、頑張る社員を犠牲にしている。そんな経営トップにいらいらしている様子が分かる。「相手はこう出てくるに決まってる。だから言っていただろう。これだから（渉外交渉が苦手で政治力に欠ける）技術屋は駄目なんだ！」。

藤森は、そう言いたかったのだ。

中島飛行機は技術の塊だった。それがあったから創業、僅か十年ほどで世界有数の航空機製造メーカーになった。佐久間一郎や吉田孝雄は日本の戦闘機の基礎を作った設計者だ。三竹忍の開発した高性能エンジン「誉」は日本の軍用機を世界のトップレベルに押し上げた。

彼らは素晴らしい研究者だが、研究室、設計室以外の経験は少ない。それもそのはず学生時代からこの時まで三十数年、彼らの頭には設計開発しかなかったのだから当然だ。

終戦日の前後、中島知久平が様々な情報を流し、上手な戦後処理を促した先は、何も藤森ばかりではない。中島の経営陣の多くにそうしている。しかし、技術畑の経営陣は正直だから興銀やGHQの口車にまんまと乗せられていたのだ。

正直で真面目な経営。平時はそれでよかった。だが、今の富士産業の経営は戦時であり混乱時だ。敵はあらゆる戦法を立てて攻めて来る。トリックもある。技術者感覚のストレートな正論だけでは負けてしまう。藤森の悩みはそれなのであった。


昭和二十一年八月、GHQは財閥解体に取り掛かった。

財閥解体とは、一部の財閥に資産や権限が集中すると民主化が遅れ、再び軍国主義が起こる、という分かったような分からない建前の政策だ。GHQの本心は「日本軍国主義を制度的に支援した財閥への懲罰」だろう。ともあれ財閥企業の指定が始まった。

第一次指定は九月六日、三井本社、三菱本社、住友本社、安田保善社、中島飛行機の五社。同年十二月には第二次指定、川崎重工業、日産、古河鉱業、野村合名会社、日立製作所、松下電器産業など四十社だった。

この政策は財閥企業の持つ全ての財産、即ち、金品や株券を取り上げるという難しいものだ。それは個人財産にも及ぶ。見ようによれば、戦勝国が敗戦国から戦利品を略取するようにも思われる。そこでGHQも政府も関わらない民間人で構成する持株会社整理委員会が作られ、その下で財閥の解体、再建が行われることとなった。

ところが例外があった。富士産業である。富士産業だけはGHQが直接指示、指導して解体することになったのだ。異例中の異例。なぜ富士産業だけが民間の委員会でなく、軍そのものであるGHQが出てくるのか、全く不審である。

その不審のわけが『中島ノート』で一つ分かった。

財閥解体を説明する大蔵省官僚が中島本社で役員を前にこう言ったという記述だ。


占領軍ハ中島飛行機ノ技術力ヲ圖リカネテイル

それは日本の軍用機会社で中島だけが突出した技術を持ち、さらに自社だけで飛行機を一貫生産できることをGHQが恐れているということだ。だから、中島を徹底的に解体して霧散《むさん》させようとしていたのだ。

そして同時期、更なる不幸が富士産業を襲った。戦時補償の打ち切り。富士産業（中島）は国に十二億三千五百万円の請求権を持っていたが、それが消滅した。そして負債だけが残ったのである。

三、「第二会社」の設立

興銀は、「富士産業の各工場の製造部門を分社、独立させて生産活動に専念させ、富士産業本社はその売上を集約して興銀への債務返済に専念する整理業務専門の会社にする」を主旨にした、「第二会社制」を提案し実行した。これはGHQの命令というが、債権回収が捗《はかど》らない興銀の企てそのもの。さすが屈指の金融機関というべき敏腕さである。

一見すると「第二会社」は過去の負債から解放され、生産に専念できるように思えるが、そうではない。この時期は凄まじいインフレの最中である。古い帳簿価格があらゆる意味で実態と違ってきている。興銀にとっても割に合わないことも起こっている。それを直したいための構想だ。

この案が興銀から示された時、本社工場長会議の模様が『中島ノート』に書いてあった。藤森は、このからくりをすぐに見つけ会議の席上で熱弁を振るっていた。その時の走り書きである。

生産会社の独立案。　工場ノ経理ヲ明確ニシテ　新勘定ニ属スルモノヲ本社ノ所属トナシエルノカ　又　第二会社トシテ分立スルタメノ経理　又　旧勘定ノモノヲ如何ニスルカヲ　之ノ話ハ聞イテナイ
（第二会社構想を認めるのなら、次のかたちを取るべきだ）現状ノマヽ一定ノ賃借料ヲ本社ニ支払フ方法　現在ノ帳簿価格ヲ新勘定ガ旧勘定ニ支払フ　今ハ年四分八厘　第三人者ニカラ直接賃借スルナド・・・・・

藤森が懸命に諸提案をした痕跡《こんせき》である。

生産会社の独立には賛成するが、興銀の提案には裏があるという藤森の主張を端的に羅列《られつ》する。

「今日のインフレで帳簿価格と実体価格が大きく変動している。興銀は、その不利を防ぐために組織替えするのだ。富士産業を各工場に分散独立して新会社にすることで収支が明確になり、興銀は債権の回収が安易になる。分離に伴い興銀から経営者を送り込み、管理するだろう。」

「さらに、各工場を身軽にしておいて他の企業に転売することも考えている。」

そして藤森の解決案は、

「工場を独立させるなら各工場に賃借料を設定して、それを支払えばいい。今は負債の帳簿価格の四分八厘を払っているのだから、これを引き継いでもいい。他にも第三者を頼むなど方法はいろいろある。ともかく興銀の提案をこのまま飲んではいけない。」

と藤森は力説した。さらに藤森は声を大きくして言った。

「興銀は、民間会社を育ててやろうという姿勢はもともとない銀行だ。国家の政策に副《そ》った事業を推進するための金融機関だ。敗戦処理の今、興銀の考えていることは一つ。債権回収だけだ。一番手っ取り早い債権回収は富士産業をどこかに売り飛ばすことだ。今も買い手探しに奔走していると思わねばならない」。

この発言は会議の席で多くの賛同を得た。

富士産業は藤森の意見を参考に急遽、独自の解体計画を作り、政府に提出した。

その骨子は、「既に民需転換の許可を受けている太田、宇都宮、大宮、田沼、三鷹、荻窪、岩手、三島の八工場と、民需転換の許可を申請中の、小泉、前橋、四日市、浜松、大谷、三島、半田の七工場の十五工場を第二会社として分離、独立して、独自の経理部門を持つ。そして十五の会社がおのおの負債を分担して返済に努める」という案である。

政府も一旦はこの独立案を受け入れる方向に動いたが、興銀＋ＧＨＱのタッグは強力で、当時の日本政府にはそれに対抗する力はなかった。

結局は、十五社に分離する形はとるが、十五社は富士産業という整理会社の下に一括して管理されるというものに決まった。

そして実行された第二会社システム。『中島ノート』から、その立ち上げの詳細が分かる。
資金面を抜粋すると、
各工場が現在使っている土地、建物、機械、材料を時価に換算して、それを第二会社の資本金とする。その金額は本社から第二会社への貸付金とする。それを第二会社は、第一借入金として計上し、年四分八厘（月四厘）の金利を毎月末に本社に支払う。年利四分八厘とは年利四・八％のこと。

その後、本社が資金に困り金融機関から融資を受けた時は、それを第二借入金として計上し、その金利は第二会社が負担する。また、第二会社にある物件などで使用料が伴うものは各々第二会社が支払う。

という具合である。

半田工場の第二会社設立資本金関係のリストがある。昭和二十二年四月十日の設立。

資本金＝二、四〇〇万円　その内訳・現物出資＝二、三九〇万円、現金出資・一〇万円
現物出資の内訳・土地＝二六六万円、建物＝一〇一五万円、車両運搬具＝三万円、材料、備品＝一、〇六三万円、治工具＝四〇万円など。端数切捨て。

現金出資は、本社や興銀からのものではない。工場幹部二〇名で五万円、工場従業員三百名で五万円。計一〇万円の個人的な出資である。

現在使用している工場や機械、仕掛品を貸付金にする。それらを使用、生産をさせて、売上を返済、利上げに回させる。上手な手法だ。この現物出資物品の原価計算が適正なものならこのシステムもあながち悪くはないが、現実と大きく掛け離れていれば、製品を

作っても作っても利益は出ない。永久に金利だけ支払うはめになる。

また、『中島ノート』に藤森が吐き捨てるように書いていた一行も印象的だ。「清水組ノ未払ヒ、3000万円ガアル」である。半田製作所建設は清水組（現清水建設）が行った。その未払い金が三千万円も残っていたのだ。「これは誰が払うのだ」の叫びである。負債はすべて第二会社に押し付けられたということだ。

さらに、各第二会社に渡した資本金は富士産業本社のものか、興銀のものかは全く不明確で曖昧な船出であった。

昭和二十二年七月二日。GHQは、「富士産業株式会社整理案に関する覚書」を発表した。内容は、富士産業の全役員を変更。会社を十五の第二会社に分割。現在の富士産業は解体。というものであった。GHQの名を借りてはいるが、興銀の初期の提案通りである。

同時に、GHQの反トラスト・カルテル課長のヘンダーソンの談話が発表された。「戦時中、巨大な産業として存在した富士産業株式会社は、今回の整理案に依って十五に分割され、各々の工場が第二会社として独立することとなった。之は企業の民主化に一歩を進めるものである」。

ＧＨＱがわざわざ一企業の分社について談話を発表することは、後にも先にもこれだけである。「民主化」とか「独立」などと耳障《ざわ》りの良い言葉を使っているが、どこか後ろめたいところがあったからだろう。

そして十五に分割された第二会社は、十五社とも興銀の傘下に収まった。そして十五社には全て、当然のように興銀から役員が送り込まれた。中島飛行機は完璧に解体され、昔の大中島に戻る夢は完全に絶たれたのである。

さらに状況は、どんどんと富士産業を追い込んでいた。

全役員辞任命令、財閥解体、戦時保証の打ち切り、辛い問題が次々と続く。

中島が当てにしていた戦時保証の打ち切りが最も堪《こた》えた。『中島ノート』にも、力なくそれが書かれている。

戦時補償打切　１6億5千万→8億９２５１万円ヲ事務当局ノハナシ
三菱ガ４０億アルノダカラ少ナイトノ大蔵省ノ意見ダガ　戦時保険ガ含マレル
保険金デ2億２０００万円トレ　政府保証3億２９００万円　特預６４８９万円　以

上差引3億543万円ガ残ルノデ　延納スルカ物納スルカ
進駐軍ノ占領工場　飛行場之ニ附随スル土地建物ノ物納ハ可カ　太田工場ノ飛行場
小泉尾島工場　格納庫

この前段二行の部分は理解できないのだが、後段は、戦時補償が打ち切られると、納税額の残債は三億五四三万円残る。それを物納できないか、進駐軍に占領されている物件ではどうなのだと悩んでいることが分かる。

つまり、興銀は中島の資産を全て押さえているのだが、税金などの負債は引き受けていないことがこれではっきりと分かる。また、進駐軍に占領されている中島の物件へは、さすがの興銀も手を出していないことも分かった。

第二会社設立と同時に興銀は、「富士産業の社員の人員整理、給与カット」を要求して来た。藤森の予想通りである。

中島喜代一社長は、この時点で辞表を提出した。喜代一は、おそらく社内での無力を感じたのだろう。興銀にとって中島社長は既に無用の長物、居場所もなくなったのだ。これで富士産業の経営陣から中島飛行機の名は形式的にもなくなった。

藤森のこの日のノート。

中島喜代一氏ガ辞表提出。中島当時ノ工場買収ナドノ経緯等ガアルノデ　之ヲドウ処置ヲ如何ニスル
この一行の下に藤森としては珍しく、赤鉛筆で下線が引いてあった。四冊の『中島ノート』の中で、赤のアンダーラインで強調した文章はおそらくここだけだ。

「喜代一さん、逃げないでくれ!。まだ仕事は残っている!」

藤森の叫びである。

この「中島当時ノ工場買収ナドノ経緯」が興銀と中島の争点。前述したが、この問題が象徴的なので再度、まとめておく。

国は中島飛行機を国営化するため買収した。昭和二十年四月一日付け、法律による強制的な買収である。

中島は資材など棚卸資産を国に四億二千万円で売却した。しかし、その代金を貰わないまま終戦となった。代金を貰っていない資材は誰の所有物だ。中島は、代金を貰っていないのだから機械や資材は返してもらって当然と主張する。

興銀は、それは国と中島の問題で興銀は知らぬことだと主張する。そして、それらの資材を担保に金を貸したのだから、それは興銀の所有物と言う。

興銀は中島に総額二十六億円の貸付金（うち政府保証十九億円）があると主張する。

中島は主張する。興銀は国に金を貸したのであって中島に貸し付けたのではない。国にこの金で軍用機を造ってくれと命令されて、その金を使ったのだ。興銀も政府保証の命令資金だったはずだ。資金回収の相手は中島ではなくて国のはずだ。

この両者の主張が表に裏に交錯して、今後の展開が繰り広げられるのである。

四、第三会社、「半田金属工業」の設立

藤森は強引な裏技に打って出た。ちょうど興銀が「第二会社案」を言い出して来た頃の

ことである。

――富士産業は、新中島を興す会社ではない。興銀の債権回収会社そのものだ。このままでは中島飛行機の未来はない。

以前よりそう感じていた藤森は、大胆な戦略を内々に旧中島本社の経営トップに提案していた。それは「別会社の設立」であった。中島でもない富士産業でもない新会社を作り、その会社を中島飛行機再興の橋頭堡《きょうとうほ》にするという提案である。

「その会社に力がつけば旧中島の全社員を引き取ることも出来る。今のまま興銀の負債減らしのためだけに社員を働かせるのは見るに忍びない」

藤森は力説した。

この時期、富士産業で働く多くの社員はいわゆる正社員の身分ではなかった。終戦と同時に全社員は自動的に解雇され、「本日より官吏ではない。但し、中島飛行機の社員に戻るのではない」と宣告され、その身分は宙ぶらりんの立場にあった。仕事も本来の飛行機造りではなく、鍋や缶を造り、売上は負債返済の名目で興銀に吸収されている。給料は貰っているが高いモチベーションなど維持できるわけはない。

会議録の中で藤森は、「イツマデモ嘱託ノ身分ノ儘デハ不安定デアルノデ、早ク（社員にするように）決メルベキデハナイカ」と発言している。

旧中島の社員は終戦後から半年位は雇用関係も不定だった。嘱託というと聞こえはいいが、要はアルバイト社員であった。

そこで藤森は社員のためにも別会社を作ろうと迫っているのだ。

しかし、経営トップは良い顔をしない。

「藤森さんの別会社提案はさすがに面白い。やりたい気持ちは大きい。でも、その案では、まともにGHQや興銀を裏切ることになる。危険が多過ぎる。会社としては、とても承認できない」

「会社としての承認は必要ない。あくまでも第三者が設立する新会社だ。誰の許可も要しない」。

さまざまなやり取りがあり、最後は藤森のこの言葉が決め手となった。

「もし、富士産業が興銀に潰されたら三千人もの社員が路頭に迷う。また、大社長の戻る場所がなくなってしまう。その受け皿を作っておかなければならない。新会社が操業するかどうかは今後の展開次第。念には念を入れる銃後《じゅうご》の守りも必要だろう」

「わかった。だが、その会社の社長を誰にするのだ。イエスかノーかは、その人選次第だ。

その会社は、たとえ成功しても、必ず集中砲火を浴びる、まさに斬られ役だ。そう簡単に社長職を引き受ける男はおるまい」

「私、藤森がやりますよ」。

そして、昭和二十年十二月に別会社は作られた。

この裏技的な戦略は、むろん興銀やGHQには伏せられていたが、中島知久平はじめ旧中島のトップは承知のことである。

社名は「半田金属工業株式会社」。代表取締役社長は藤森正巳。但し、会社の登記は済ませていたが稼動はさせていない。心の中で藤森は、「この会社を使わずに済めばいい」とも思っていた。

しかし、半田金属工業を使わなければならなくなったのは昭和二十一年夏である。喜代一の社長退陣を機に藤森は覚悟した。もう興銀頼みの中島飛行機の再建はない。自分たちでやれるところまでやる。

戦闘開始。半田金属工業の操業開始である。資金は予め用意してある。機械、資材は少しずつ運び込んである。人材は富士産業で燻《くす》ぶっていた旧中島の優秀な社員が駆け寄って来た。なんの不足もない。

工場長クラスはやはり富士産業の部長クラスだ。斉藤昇、芦澤俊一らは富士産業の木造船組立工場長と半田金属を掛け持ちしていたことが『中島ノート』で分かった。他にも、押田、中島、平野、石井など中島飛行機で見た名前が並ぶ。富士産業と半田金属は形式上は別々だが、中味は一緒だったのだ。

ちょっと言い訳をしておく。彼らが二股を掛けていたように見えるが、少し違う。富士産業では彼らの身分はアルバイトだった。

さあ開業だ。

「やるのなら日本一の会社にしよう！　中島飛行機の再興だ！」。

社員の給与は旧中島飛行機並み。優秀な人材には金を惜しまない「人の中島」の伝統を引き継いだ。但し、藤森得意の工程管理、人事管理も導入、欧米並みの効率主義も取っている。製造品は自転車が主力。他の製品は、富士産業半田工場と競合しないことを大前提にした。

半田金属のスタートの際、社員の給料が富士産業と比べてあまりに高いので、心配した工場長が藤森にこう言った。

「人件費が高過ぎます。社員には我慢させますから、半田金属の成長のために人件費を削ってください」。

藤森はこう答えた。

「富士産業より良い会社を作らないと意味はない。すべて富士産業より好条件にする。その為に興した会社だ。業績も社員の待遇も、日本一を目指そう」。

工場長は、「良くも悪くも藤森さんはイケイケだった。先頭を走るのではなく、先頭のその随分、前を走っていた印象だ。部下は藤森さんに心酔するが、あまりに先頭を行き過ぎて誰も付いていけないこともあった」と手記に書いていた。

藤森と長く苦楽を共にした人の言葉だ。藤森の人物像を表して妙だ。

この時代の藤森の立場の種明かしをしよう。

富士産業の参事（取締役待遇）はＧＨＱ命令もあり辞任していた。昭和二十二年一月には公職追放もされていた。でも富士産業半田工場の社員として会社に残っていた。

その証拠に、半田金属を操業した二十一年も、翌二十二年も、さらに二十三年も富士産業の本社での工場長会議に出ている。発言もしている。それどころか富士産業の労働組合の団体交渉の席にもいる。決定権や当事者能力がなければ役員会議や、まして労使交渉の場には出ない。

また、二十二年四月には、鉄道省、あるいは名古屋鉄道と打合せの場を持ち、鉄道車両の修理や製造のトップセールスをしている。また、シンガーミシンを半田工場で製造する打合せ記録もあった。

藤森は、役員ではないが富士産業半田副工場長のままだった。但し、正式の身分は他の社員と同様、正社員ではなく嘱託である。

昭和二十三年十二月に藤森は、石川県の富士産業小松工場（半田工場の支社）に出張、塩業に進出するため、加賀・安宅《あたか》海岸の現地視察と会議をしていた。その詳細な記録が『中島ノート』に残っている。富士産業半田工場の将来計画にも関わっていたということだ。

この二十三年の暮ごろ、次に書くが、半田金属は日本一の自転車メーカーになっている。その社長の藤森は、富士産業の仕事で加賀の海岸で塩田造りを指示している。

藤森正巳は、半田金属工業社長と富士産業半田工場副工場長を兼務していた。二足の草鞋《わらじ》を履いていたということである。

五、「ハンキン」。日本一の自転車メーカーに

昭和二十年十二月に創立した後、休眠状態になっていた半田金属工業が、いよいよ稼動を始めた。昭和二十一年十月のことだ。資本金は十八万五千円。この時点では半田市乙川畑田町に四九四坪の織物工場を借りての出発である。

その後、直ぐ、富士産業半田工場の遊休建物の一部を買収する。一部と言っても敷地約三万坪、建坪一二、二一八八坪の大きな工場だ。買収料金は土地、建物共で三千六百万円。そこに高能率の機械設備を導入、一気に自転車の大量生産に入った。畑田町の工場は分工場として残した。

この富士産業半田工場の遊休工場への進出は藤森の戦略の一つであった。同じ大金を支払うなら、他所より自分たちの富士産業が良いというのが建前。それ以上に、将来は工場の一部でなく、全部を買い取り、新中島飛行機株式会社を再興、知久平を社長に迎えよう、そんな壮大なプランが彼の胸にあったからである。

新工場を得たその生産状況は目覚しいものがある。昭和二十四年六月までのデータがあった。

昭和二十一年（十～十二月）　九九二台
昭和二十二年　一五、五三六台
昭和二十三年　三六、五一六台
昭和二十四年（一～六月）　一〇、二三五台
合計　六三、二七九台

操業開始が昭和二十一年十月だ。あっという間の成長である。生産量にも驚くが、その納品先にも驚く。生産された自転車の内、四〇、四七〇台が逓信省《ていしゅんしょう》に納入されていた。実に六割強である。

創業間もない新会社に、逓信省、即ち、国から大口の注文が入っている。これは藤森の力というより中島知久平の仕事と勘ぐりたくなる。ともあれ半田金属は安定した顧客を持って、順調な船出をしたのであった。

二十二年の四月から十二月までの自転車生産割当数の全国データがあった。商工省作成のものだ。

半田金属＝六、三〇〇台　　宮田製作所＝一、八〇〇台　　岡本工事＝一、八八〇台

この時代の「自転車生産割当」をよく理解はできないが、半田金属が文句なしの日本一のメーカーであったことはわかる。

資本金も、二十二年に三百万円に増資、二十三年には一千万円に、二十四年には二千万円となり、年々倍増している。彗星のように現れたスマートなベンチャー企業、半田金属工業を、世間は「ハンキン」と親しみを込めて呼ぶようになっていた。

社員は、男子が一、〇六六人、女子が二四四人の総数一、三一〇人の陣容になっていた。うち男子工員の多くが富士産業半田工場でリストラされた人材である。

社員の平均給与は、二十三年十二月現在、男子五、四〇八円、女子三、四八一円。平均五、〇四三円である。同時期、富士産業の平均給与は四、〇〇〇円弱だ。ハンキンの好待遇が分かる。但し、ハンキンは工員を能力と出来高を参考に、一職（一級）から三職（三級）

に分け、能率給制度を採用するなど効率化を図っていた。

さらに書面をみると「ハンキン」が大量の輸出をしている資料があった。

この資料を見ながら、藤森のかつての指示を思い出した。それは、昭和二十年十月末頃の『中島ノート』の記述、「米国ノ学校ヲ出身シタ人ノ名簿」、「英語ノ達者ナ人ノ履歴」を調査し、リストを提出せよ、と藤森が求めていたことだ。

この記述を読んだ時点では、占領軍対策と思っていたが、その本意が今、分かった。藤森は、新会社「ハンキン」で生産する製品の海外販売。輸出を経営の柱にしたいとかねてから考えていたのだ。

藤森が半田金属を創立したのは昭和二十年十二月。その時、既に「輸出産業」を視野に入れていたのだ。そして「米国ノ学校出身者」、「英語ノ達者ナ人」がハンキンに入社。おそらく隠密で自転車貿易のノウハウを学んでいたのではないだろうか。

凄い一覧表を見つけた。ハンキンの自転車輸出状況である。

イ、輸出許可の下りたるもの

シンガポール向　二、〇〇〇台　昭和廿四年五月十日契約分　支払はL／C

ロ、契約を締結したもの

台湾　四、〇〇〇台　支払はL／C

シンガポール　二、〇〇〇台　支払はL／C

香港　二、〇〇〇台　支払はL／C

ペルー　四、〇〇〇台　支払はL／C、又はバーターによる

ウルグワイ　二、〇〇〇台　支払はL／C、又はバーターによる

北米経由南米向　二、五〇〇台　支払はL／C、又はバーターによる

ブラジルサンパウロ　一、五〇〇台　支払はL／C、又はバーターによる

計　一八、〇〇〇台

昭和二十四年には一万八千台の輸出契約を取っていた記録である。蛇足だが、支払欄の「L／C」とは信用状と言い、貿易の円滑化のため銀行が発行する支払い確約書。輸出者は船積みと同時に輸出代金を回収できる。輸入者は前金を支払う必要がない利点がある。「バーター」とは輸出と輸入を一つの為替決済方法で互いに結びつけ、物々交換の形で行

う貿易方式である。どれも現在でも行われる一般的な貿易決済システムだ。書面には、ハンキンは、さらに八万四千台の輸出を計画しているとあった。

さらに、様々な数字が分かる面白い記述もあった。

「為替ルート問題について、既に一弗《ドル》三〇〇円、一台当り単価一六弗五〇仙《セント》乃至 二三弗五〇仙の計算を以って、之が具体化に努めて来たので、今回、一弗三六〇円に決定したことは…（略）この点、極めて有利に展開している」

と、為替差益が二割も出たと歓迎している。

これらの文面から輸出用の自転車の単価は、一台あたり一六弗五〇仙《セント》から二三弗五〇仙と分かる。平均二〇弗として為替レートが一弗三六〇円とすれば、一台、七二〇〇円。契約済みが一万八千台だから、一億二千九百万円の売上が確定していたとなる。

輸出計画は八万四千台とあった。すると売上は六億円を超える。加えて国内向けの需要や、先ほどの逓信省などの注文もあろうから、ハンキンは相当の売上げを誇る大企業になっていたのだ。

具体的に見る。昭和二十三年の自転車生産量は三六、五一六台。輸出単価は七、二〇〇円だが、国内は安く見積もり、仮に単価五、〇〇〇円にしても、総売上は一億八千万円あったことになる。

これを富士産業半田工場と比べてみる。昭和二十二年四月から二十三年三月までの富士産業半田の損益計算書をみると、総売上高は約一億六百万円だった。対してハンキンは一億八千万円。

創業一年で富士産業半田を五〇%も上回る売上規模の会社になっていたのである。

工場も本社工場の他に十四の工場を持っていた。

知多半島では半田、阿久比、成岩、乙川、亀崎、岡田、武豊で八工場。愛知県内外では、岡崎工場（一、四四五坪）、岐阜工場（五三六坪）、大阪工場（一八八坪）、静岡工場（七二四坪）、富山県城端《じょうはな》工場（一二〇坪）、長崎県川棚工場（六三三坪）である。

工場の建坪面積は本社工場が一二、二八八坪。他の十四工場の計が七五四一坪。総合計で一九、八二九坪の大工場となっていた。

好調ハンキンは、自動車の製造に着手、設計を済ませていた。昭和二十四年二月には、トラック、オート三輪、スクーターの試作に成功している。

間もなく街に、「ハンキン」ブランドの自動車が走り出す運びになっていたのである。

六、好調ハンキンの意外な終焉

当初、ハンキンの実態がよく分からなかった興銀だが、ここまで派手に活躍をすると目立って来る。そして調べを始めると、まさにハンキンは富士産業から生まれ出た企業そのものだったことが分かった。興銀はハンキンの快進撃を忌々しく考え始めた。

興銀はハンキンをさらに調べた。

社長は藤森正巳。富士産業半田工場の実質的なトップだった男だ。工場長クラスはすべて半田工場の幹部。社員のほとんどが旧中島の人。それに興銀が最もむかっと来たのは、ハンキンが富士産業の工場の一棟を買収して製造していること、そしてハンキンの社員の平均給料が富士産業より三割近くも高かったことだ。

——どうなっているんだ。興銀はさらに調べを続けた。

この時期、興銀は廃止解体の危機に直面、まさに生き残りのため懸命に戦っていた。先頭に立つのが中山素平。中山は興銀再建準備室長、調査部長・復興金融部長と重要な役職につき、GHQとの交渉や債権回収の指揮をとった。この時まだ四十二歳、闘争心むき出しで興銀の先頭に立っていた。粘り強い交渉力、卓越した経営理念が彼の武器。その神出鬼没ぶりから、後に「財界の鞍馬天狗」といわれた男だ。

中山素平がハンキンを睨んだ。

藤森も当然、興銀が何らかの動きを起こすことは予想していた。

中山と藤森の睨み合いが続いた。

藤森はこの戦に勝算があった。こう考えていたからだ。

――ハンキンは純粋な民間会社で自転車という民生品を製造する会社だ。GHQに睨まれることはない。本社は富士産業とは無関係の場所で創立した。その後、工場が手狭になったので、富士産業半田工場の空いている工場棟を買い取った。代金などは契約通り実行している。藤森自身は富士産業の役員を辞任させられ無職だ。おまけに公職追放されて従来のような要職にはつけない。だから個人で独立、創業した。社員は旧中島の社員が多いが、彼らは富士産業のリストラ対象者。身分は嘱託で正社員でもない。それを雇用したのだ。

何か問題があるか！　の論陣である。

藤森の自信の裏づけは、前章で書いた「富士産業は債権整理専門の会社となり、製造部門は分離独立し第二会社として生産に専念する」とした制度変更にあった。

だから現在の富士産業半田工場は「第二会社」であり、整理会社とは経理も別にする会社。だから興銀はハンキンに手を出せない。今や、ハンキンと富士産業、そして興銀は何の関係もない企業となっているのだ。

興銀が債権回収を容易にするため、あるいは十五社を転売しやすくするために立てた戦略を、藤森が逆手に取った戦略である。

中山素平は腕組みをした。調べを進めれば進めるほど藤森のしたたかな計略が浮かび上がって来る。

中山はこう考えた。

――藤森のハンキンは、旧中島の資材を使い、旧中島の工場で、旧中島の社員を使って経営している。藤森がどのように理屈をつけようが、これは旧中島飛行機そのものではないか。そして富士産業半田工場を超す売上を上げている。この売上金は旧中島のものだ。即ち、興銀への返済に充てられる金だ。これは何としても回収する。

中山は債権の回収もそうだが、かなり意地になっていた。「なめやがって！」の気持ちなのだろう。

昭和二十四年になるとハンキンはさらに順調に業績を伸ばしていた。

従業員も千五百人を超し、同じ敷地の富士産業半田工場の従業員が四六〇人だったから、どちらが親会社か分からない。ハンキンには活気が溢れていた。

興銀の中山がこのハンキンに手を出しあぐねていた理由の一つに、中島知久平の存在があった。知久平は政財界の超大物だ。その気になれば中山素平の首を斬ることぐらい、やすやすできるだろう。

終戦直後の知久平の動向をみるとその大物ぶりが分かる。

昭和二十年八月、戦後初の内閣、東久邇宮内閣が誕生。知久平は軍需大臣および商工大臣に就任した。戦後の軍需産業の処理、商工事業の復興の舵取りを任されたのだ。

同年十二月に、ＧＨＱよりＡ級戦犯に指定される。出頭要請に憲兵が来たが、知久平は追い返してしまう。以来、糖尿病を理由に中島飛行機三鷹研究所内の泰山荘（現在の国際基督教大学内）に篭《こ》もり、ＧＨＱの再々の呼び出しに一度も出頭しなかった。

本当の病気で裁判に出られなかった人はいるが、ピンピンしているのに出頭しなかったのは知久平ただ一人だ。

ＧＨＱも一目置く知久平である。政治家としての力もいまだ健在だ。

当時は吉田茂内閣。吉田と前田米蔵、中島知久平は戦前からの立憲政友会を通しての盟友といえる仲。彼らには圧倒的な政治力がある。興銀も彼らの機嫌を損ねると面倒が起こることは分かっている。中山だって馬鹿ではない。藤森のハンキンの裏に知久平がいる。そんなことは百も承知だ。

何とも厄介な存在に中山素平は手をこまねいていたのである。

昭和二十四年十月二十九日。中島知久平が死去した。六十六歳だった。

葬儀は東京築地の西本願寺で執り行われた。葬儀委員長は前田米蔵。知久平の親友であり政界の大御所である。参列者は吉田茂内閣総理大臣はじめ各大臣、日本の大企業の主な面々がことごとく参集、まさに戦後日本の政財界を代表する人たちの揃い踏みであった。興銀幹部も大勢が参列、中山の姿もそこにあった。

知久平の死去は中山にとっては幸運だった。知久平は富士産業の経営には無関係とはいえ中島飛行機のオーナーであり、変わることのない大きな影響力があった。ハンキンの後ろに知久平の影も見え隠れしているのも周知のことだ。興銀がハンキンに対して強く迫れない原因はそれだった。しかし今、その突《つ》っ支《か》い棒がなくなったのであった。

中山は一気に攻勢に出た。

中島知久平という強靭な後ろ盾が霧散してしまった藤森など、中山にとって恐るるに足らぬ相手に見えた。さらにこの時期、日本興業銀行法の廃止が決まり、興銀は普通銀行になるか解体されるかの瀬戸際に追い込まれていたことも中山を急がせた。

中山は決断した。

「ハンキンをやるぞ！」

中山は指示を飛ばした。

「ハンキンの土地建物、銀行口座を差押えるのだ」

興銀の法務担当に指示を出すが、担当は良い返事をしない。「無理がある」と言う。

「無理は承知なのだ！　こちらには正義がある！」。

中山が「正義がある」と言い放った理由は、もともとハンキンの資産は富士産業のもの。即ち、興銀が押さえ、管理しているものだ。一民間企業を装っているが、ハンキンは富士産業の資産を流用して営業しているに違いない。いかに表面上の書類が揃っていても業務上横領そのものだ。その証拠の一つは藤森が富士産業に出勤している。それも本社の会議にまで出席しているじゃないか。藤森は富士産業そのものだ。

「その一点で裁判を起こせ！」。

中山もこの裁判にすんなりと勝てるとは思っていなかった。法的にみれば、全く他人の物品に言い掛かりをつけて取るようなもの。もともと無理のある告訴である。

しかし中山には別の狙いがあった。

このハンキンの経営実態を見逃しておけば、富士産業の製造部門を分割して作った全国の十五の第二会社が夫々このハンキン方式を見習うだろう。次々に新会社を興して独立されてしまう危険性が充分にある。ハンキンと争うのは一罰百戒の意味もある。

更には、この裁判は債権回収に予断を持たず懸命に取り組む興銀の姿勢をアピールできる。GHQも日本政府も興銀の姿勢を評価するだろう。それが「日本興業銀行法」の改正後の興銀の立場を良くするはずだ。

そう考えていたのである。


藤森は中山の不穏な動きを感じていた。一年以上も前から書面や弁護士を通して催告もあった。藤森はあえて無視していた。近いうちに和解の道を探って来るだろう。その時が勝負だ。いずれにしても、直接、債権債務の関係にはない興銀とハンキン。出来ることは嫌がらせ程度だろう。その日を待とう。

それよりスクーターの製造を急ごう。それにどうやら朝鮮半島でひと騒動ありそうだ。戦争になると軍用機の注文が来るかもしれん。いよいよ中島飛行機の出番が来る。大社長、見ていてくださいよ。

そんな感じの藤森だった。

昭和二十五年四月二十八日金曜日の朝、三井銀行名古屋支店長から藤森に緊急の電話が入った。

同時に、ハンキンの経理部長が藤森の社長室に駆け込んで来た。

「こ、興銀が差押えをしました。ハンキンの銀行口座を差押えました！」。

この日の三井銀行名古屋支店のハンキンの口座には、月末の決済のための資金、L／Cの入金など多額の金があった。それらを押さえられた。月末は諸経費の支払日で、約束手形の決済日だった。約束手形が落とせない。

「直ぐ抗告しましょう。あすは祭日、一日あります。その後も祭日が続く、何とかなる時間はあります」

経理部長が懸命に言う。

「藤森社長！　興銀のこんな無茶な方法が通用するわけはない。裁判所も直ぐ分かりますよ。抗告です。直ぐ手続きします」。

抗告には裁判所への供託金がいるが、それは三井銀行が用意すると言ってきた。そうすれば口座の金は使える。

しかし藤森は、

――抗告すれば裁判は勝つ可能性は大きい。でも会社の受けたダメージは大きい。銀行口座が戻って来るのは数ヶ月も先だろう。労働組合はどう出るだろう。他に何とか生き残る方法もある…　でも…。この難問に対しての藤森はいつもの藤森ではなかった。知久平の他界が藤森の闘争心を削いでいたのである。

藤森が守りたいのはハンキンという会社ではない。中島知久平だった。もう守るべき知久平はいない。

藤森は重役を集め、残務整理を指示した。

興銀がハンキンの財産を没収しても、それは「富士産業の負債の回収」という言い分だ。ならば持っていけばいい、その分、富士産業の負債が減る。富士産業が楽になる。

――明日は天皇陛下のお誕生日か。陛下のお誕生日に、首を獲られるのも、まんざらじゃない。大社長も許してくれるだろう。

口には出さなかったが、藤森はそう思っていた。

ハンキンはあっけなく潰れた。

ハンキンの社員、仕掛品などを富士産業に移管する作業もそこそこに藤森はたった一人で上京した。

多摩墓地に知久平を訪ねた。「中島知久平の墓」とされる立派な墓はまだ完成途中で、墓石の周囲では造園作業をしていた。作業員が藤森を見るとお参りの場所を空け、鉢巻を取って会釈した。藤森は知久平の墓に長く手を合わせた。

七、興銀の大金庫を差押え。藤森の逆襲

知久平の弟、中島門吉や知久平の長男、中島源太郎を訪ねて半田工場やハンキンのことなどを報告、「しばらく、ゆっくりしますよ」と言っていた藤森だが、その耳に予想もしていなかったニュースが飛び込んで来た。中島飛行機本社だった目黒区駒場の旧前田侯爵家を興銀が所有権を主張して訴訟の手続きを始めたとの情報だ。

旧前田侯爵家駒場本邸は、旧加賀藩主の十六代当主・前田俊為《としなり》侯爵の家族も暮らすまさに加賀百万石前田家の本邸だった。

邸宅は、約一万三千坪の敷地に地上三階、地下一階の洋館と渡り廊下で繋がる純日本風の二階建の和館からなる。広大な庭には茶室や池。築山と水の流れに囲まれた、回遊式の庭園を巡れば、趣を変えた四季が臨める。東洋一といわれた大豪邸である。

邸主の前田俊為《としなり》がボルネオで戦死、家族も空襲のため疎開、屋敷は空くことになった。そこを買収したのが中島。昭和十九年、前田家から同邸宅を買い取り本社として使用した。前田家と中島は半田製作所の分工場を石川県の小松、大聖寺、七尾、輪島などに作る際に世話になるなど親しい交際があった。

買収話の際、中島内部では相当な反対論があった。「こんな大きな買い物をして、すぐ燃え屑になったらどうするのだ」、「戦局が厳しき折、こんな贅沢な文化財を買うと批判の的になる」が反対の理由だ。既にこの時期、戦局は厳しく、東京空襲は現実のものとなっていたから当然だ。

だが、反対の声は鶴の一声で消し飛んだ。知久平だ。空襲の危機などは人一倍知っている知久平だが、「中島が空襲を怖がって買い物を渋ってどうする!」、また、「こんな厳しい国情の中だ。文化財を守れる余力があるのは中島しかないじゃないか」と一喝した。

その言葉も否定しないが、知久平は、どうやら文化財級の建築物が好きだったようだ。

自身が自宅に使っていた三鷹の泰山荘も国の文化財級の建物である。科学者知久平は芸術家の心もあわせ持っていたようだ。

昭和二十年になり中島飛行機は本社を東京・有楽町から前田侯爵邸に移した。疎開の意味もあった。渡り廊下で続く別邸は各工場から上京してくる社員の宿舎に使った。だが、加賀百万石の殿様の屋敷は庶民にはとても使い辛いものだったと聞く。

そして終戦。

ＧＨＱが侯爵邸を接収、連合軍極東総司令官の官邸となっていた。

同邸の所有者はＧＨＱとなっていたが、騒ぎは連合軍極東総司令官が交代する情報があった矢先のことだった。興銀が旧前田侯爵家が中島飛行機の本社だったことを理由に所有権を主張したのである。

――中島飛行機のものは、みんな興銀のもの、富士産業もハンキンも、みんな興銀のもの。前田侯爵家も興銀のもの。

藤森にはそう聞こえた。

「なめるんじゃねえ、中山！　よし、そこまでやるなら、ひと泡ふかせてやる！」

胸の奥深くに潜んでいた藤森の闘争心が、ふつふつと湧き出して来た。それは、まるで活火山のマグマであった。

ひと通りの調べを終えた藤森は奇襲に打って出た。奇襲作戦に戦力の逐次投入は禁物。藤森は全ての力を込めて矢を放った。

矢は興銀に突き刺さった。興銀にとって想定外も想定外、奇襲そのものであった。


興銀の頭取室にどよめきが奔《はし》った。

一人の役員の声はまるで悲鳴だった。

「本店の金庫を差押えるという訴状が出されました。仮執行宣言もされています。これは一体、な、何なのですか…」。

係を裁判所に走らせた。興銀本店の金庫を差押えるという訴状は確かに出されていた。

藤森らが原告となった訴状の内容を、ごく要点だけ抜き出す。

「旧中島飛行機の社員は日本興業銀行が行っている中島飛行機への債権回収により社員

らが不利益を受けた」として、

「興銀は、中島飛行機や富士産業や半田金属工業の所有権が明確でない株券や土地建物の権利書。あるいは中島飛行機や富士産業が所有していた他社の株券などを興銀本店の金庫に保管している。それは明らかに興銀の所有物ではない。それを興銀しか管理できない本店の金庫に仕舞い込むことは、不当に他人の財産を占有するに等しい。それらの財産の一部は今回の原告者の債権であると主張する」

そして、今、興銀を被告として損害賠償の訴えを起こしたので、

「債務者である興銀がその財産を隠匿したり、係争物を処分してしまう恐れがある。また、金庫を現状のまま放置されると、その間に回復できない損害を受けることもある」

したがって、

「日本興業銀行本店の金庫内にある中島飛行機株式会社関連の株券など書類一式を判決確定まで保全するために仮差押の執行を申し立てる」。

右が要旨である。それは、同時に藤森の獅子吼《ししく》でもあった。

中山が唸った。

「相手は藤森正巳かっ！」。

そう、藤森である。藤森は今度は攻める番だ。時間はたっぷりある。今度は長引けばいい、いつまでも長引けばいい。

むろん藤森の求めるものは興銀の金庫ではない。中山素平の泣きっ面だ。そして知久平が愛した前田侯爵家を興銀に渡さないことだった。

今回は間違いなく藤森に正義があった。

また、「興銀法」が廃止され、普通銀行になったことは興銀を弱くしていた。出来るだけ早く、元の特殊銀行に戻りたいというのが興銀の希望である。そのためにはGHQや日本政府に眉をひそめられることは避けたい。銀行が被告となるような告訴沙汰などは極力避けたい。そう考えていた。


中山は思わず言った。

「そこまでやるか、藤森っ！」。

そして中山の決断はただ一つ。興銀にとって不毛な裁判は避けることだった。日をおかず興銀は原告に和解を申し出たのであった。

前田侯爵邸は中島家に戻った。

藤森はこの邸宅の所有者となる中島源太郎に、「この屋敷は大社長の文化財的建築物を後世に残す志を引き継いで、文化施設として残しましょう。それは、戦争に加担した中島飛行機の罪滅ぼしでもあります」と提案した。

源太郎から万時を一任された。

ならばと、一般公開の施設としてくれるならば安価でよろしいと、侯爵家の庭園と洋館を東京都に、和館を国に売却した。

東京都は庭園を保存しながら公園とした。今の駒場公園である。洋館・和館も一般開放して東京都近代文学博物館、東京都近代美術館となった。

現在は、各施設を統合して「旧前田侯爵家駒場本邸」として一般に公開されている。

旧前田侯爵邸＝旧中島飛行機本社

八、その後の興銀と富士重工

興銀生き残りの戦いの先頭に立った中山素平と、中島飛行機再建の戦いの先頭に立った藤森正巳の一騎打ちは、かなり藤森に分が悪いが、勝負判定は引き分けに終ったことにしておこう。

中山の心に、藤森との対決がどう残ったのか知る由はないが、その後の中山の、旧中島飛行機関連への対応は意外に親身だった。富士産業への整理業務の実行は少々強引過ぎたという思いが彼の中にあったと思いたい。

富士重工となった中島飛行機太田工場、武蔵野工場は、ヒット作「スバル360」を造り出し、ほぼ順調に富士重工への道を歩んでいたが、その裏で、興銀の中山が郵政省や電電公社に「スバル360」を強力にセールスした一幕もあったと聞く。

また、「技術の中島」の典型だったプリンス自動車（中島飛行機東京工場）の日産自動車との合併は中山の異常なまでの熱意で実現した。これは中山の手柄話になっているが、実は中山の中島飛行機への贖罪《しょくざい》意識と思いたいが…。

いやいやそうではない。「技術はあっても経営はない」という中島飛行機のＤＮＡを、中山は心底嫌っていたという方が当たっているだろう。

戦後という言葉が死語になった頃も、興銀は富士重工ら旧中島飛行機グループへの支配の手を緩めてはいない。経営者を送り込む。日産との合併を働きかける。外国企業への売渡しを目論む。それらはとても「企業を育ててやろう」という姿勢には見えない。

中山は富士重工を芙蓉グループ（旧安田財閥）へ入れ込もうとしていたようだ。中山がもし健在なら、日産が昔のままなら、富士重工グループは芙蓉傘下に入っていて同舟異夢《どうしゅういむ》の企業に終っていたかもしれない。

だが、富士重工ら元中島飛行機グループは歯を食いしばって頑張った。

富士重工の〝中興の祖〟といわれる川合勇が「月刊BOSS」のインタビューの中で、それらを的確に語っていた。川合は平成二年から十年まで富士重工の社長、会長を務めた人物である。

「中島飛行機の技術者たちが戦後、ひどい状況にあっても耐え抜くことができたのは、技術力への自負があったからだと思う。戦争中に誉エンジンを作っていたとき、当時のエース級の技術者は言っていましたよ。航空工学はもう欧米をキャッチアップしている。日本に足りなかったのは高分子化学や精密な加工ができる工作機械、電気工学など裾野の分野。この戦争ではアメリカの凄さを見せつけられているが、自分たちだってやれないことはないんだ、と」(「月刊BOSS 2013年5月号」)。

富士重工を舞台とする興銀と日産の覇権争いが決着したのは、日産の経営弱体化もあるが、決定的なことは平成十七年にトヨタ自動車が筆頭株主となったことだ。航空機産業への進出を睨むトヨタと航空機産業を生きがいとする富士重工の思惑が一致した。

技術の富士重工にトヨタ方式が導入される。昭和十二年ごろ、藤森がアメリカ・フォードの工場を見て、目をぱちくりさせたシステムが、即ちトヨタ方式の源流である。良い組み合わせだ。

中島飛行機半田製作所の広大な跡地をトヨタが購入した。隣接するのは富士重工、輸送機工業の工場だ。この地から飛行機が飛び立つ日も遠くないだろう。

興銀の自縛から解かれたように富士重工は、今日、売上高、利益とも史上最高を記録した。これは、戦後の、あの日、あの時以来、初めて到達した成長戦略路線の入口である。

富士重工は、ボーイングの次世代大型旅客機「777X」の中央翼の組立工場を二〇一六年に半田市に建設する。投資額は百億円規模という。そこは藤森の奮闘した中島飛行機半田製作所跡。間もなく近代的な航空機工場が再び半田市に誕生する。

この工場から飛び立つ飛行機を見て、中島知久平はどう言うだろう。苦難の時代の富士重工の社長だった吉田孝雄は涙を流すだろう。あの意地っ張りの藤森だって泣くに決まっている。

○

和服で下駄履きの藤森は旧前田侯爵邸の庭をゆっくり歩いていた。

ここが中島飛行機の本社だったのだが、のんびり邸内を歩くことは初めてだ。ここに来る時はいつも緊急事態だった。帳簿を小脇に、あるいは図面を抱え、社長室に駆け込む。そんなことばかりだった。

和風の庭の隅に洋風のベンチが一つ置かれていた。そこに腰を掛けると、抜けるような青空が見えた。雲ひとつない見事な紺碧の空だ。

しばらく青い空を見ていた。

突然、青い空に、真っ白な飛行機雲が一筋、真っ直ぐに伸びて行く。太く、しっかりした飛行機雲だ。

——ロッキードだな、
藤森は戦闘機のつくる飛行機雲を目で追っていた。

真っ白な飛行機雲は、ゆっくりと崩れていった。崩れていく雲が、紺碧の空に何かを書いている。英文字である。雲はこう書いたように見えた。

The war ended——。


（おわり）

附録

米国戦略爆撃調査団報告書

左より記載する『米国戰略爆撃調査団報告書』は、昭和五十八年に国立国会図書館で見つかったもので、報告書を書いた人物が二十年九月に半田市乙川の同現場を訪れた人かどうかはわからない。また、間違った認識や事実誤認も相当あった。

報告書のコピーは、芦沢俊一氏（半田製作所建設委員で「彩雲」組立工場長）が『半田空襲と戦争を記録する会』経由で入手したもの。その時、訳文はついていたが、改めて芦沢が訳したものをここでは添付する。また、芦沢の感想も書いてもらった。感想は文中の〔　〕である。

上段は原文、下段は訳文。なお、「添図」や「添付写真」などの記載はあるが、それは料は入手していないが、表題を見る限り重要なものではなさそうで、ほぼ同様のものは、「はんだ郷土史研究会」が保有している。

米国戰略爆撃調査団報告書　第17号　中島飛行機
〔半田空襲と中島飛行機〕　訳者による註は〔　〕で示した
中島半田製作所　（工場報告番号　Ⅱ－4）

THE PLANT AND ITS FUNCTION IN THE AIRCRAFT INDUSTRY

INTRODUCTION

The Handa plant of the Nakajima Aircraft Co. was located at Okkawa station, cast of Handa on the Chita peninsula south of Nagoya. The plant area, including the airfield, consisted of approximately 670 acres, and prior to the December 1944 earthquake contained a total floor area of 2,095,000 square feet (Appendix A).

The plant was part of the Nakajima Aircraft Co., one of the two largest producers of aircraft and engines in Japan. The Handa plant was planned in May 1942. A spinning mill south of the river was converted and construction of the new buildings north of the river was begun in August 1942. The first airplane was completed in January 1944.

The plant was financed through private sources (Nippon Hypothec Bank).with governmental assistance. Navy supervisors and inspectors were placed in the plant.

The Handa plant produced the torpedo

Ⅰ、航空機産業における製作所とその役割

はじめに

中島飛行機株式会社半田製作所は、名古屋市の南、知多半島にある半田市の東部乙川地区に建設された。製作所の敷地は、飛行場を含めておよそ６７０エーカー〔２７１万㎡、８２万坪〕で、昭和１９年１２月の地震以前の建物は、總床面積２、０９５、０００平方フィート〔１９３、０００㎡、５８、９００坪〕であった。〔附図Ａ〕

半田製作所は、日本の航空機及び発動機の二大生産会社の一つである中島飛行機株式会社の〔四つの航空機製作所の内、海軍機用の〕一つである。〔残りは、海軍機用小泉製作所、陸軍機用太田と宇都宮の両製作所である。〕

半田製作所は昭和１７年5月に計画が始動した。〔阿久比〕川の南にあった〔東洋〕紡績の〔遊休〕工場が改造された上、同年8月には川の北に新しい建物の建設が始った。

第1号機が完成したのは昭和１９年1月であった。

製作所建設の資金調達は、政府援助のもとに、民間の資金源（日本興業銀行）に依っていた。製作所には、

bomber Tenzan (Jill) from January 1944 to the end of the war, and the speedy land-based reconnaissance plane Saiun (Myrt) from August 1944 to the end of the war.

ORGANIZATION¥AND OPERATION

The plant was organized as follows:
General manager: Shinobu Mitake
General affairs department, chief: S. Yoshimura
Archives, employment. personnel and plant protection, general affairs.

Finance department, chief: S. Hirase
Equipment purchasing, wages and salaries, accounts.

Maintenance departmcnt, chief: S. Mitake
Maintenance of buildings and equipment, electricity and power, traffic.

Production engineering department, chief: S. Mitake.
Design and engineering, jigs and tools.

Production department, chief: M. Fujimori.
Material purchasing, parts fabrication, subassembly and final assembly.

Inspection department, chief: S. Yoshimura.
Material, parts, assembly inspection and test flight.

海軍の監督官〔正式の官名〕が駐在していた。

半田製作所では、艦上攻撃機天山（〔連合国コード名〕ジル）を昭19年1月から、又高速陸上偵察機〔本来は艦上偵察機〕彩雲（〔連合国コード名〕マート）を昭和19年8月から、共に戦争終結に至るまで生産していた。

組織と運営

製作所の組織編成は次の通りである。〔報告文不備のため、直接当時の資料に基く〕

所長：　三竹　忍
所長室：秘書、人事、綜合企画
農場：
總務部：部長　吉村誠一郎
庶務、文書、勤労、厚生、教育、防衛、
会計部：部長　平瀬　末喜
經理、給与、調弁、衣糧、整理
施設部：部長　兼　三竹
営繕、動力、資材、輸送
生産部：部長　藤森　正巳
業務、工務、材料、第一部品、第二部品、活材、
（工場）第一組立、第二組立、部品、整型、機械、

Three final-assembly lines were in operation, two for Myrt and one for Jill. Fuselage assembly for both types was carried on in the southern section of the plant area across the river from the new part of the plant. Wing assembly and parts fabrication took place in the newer buildings north of the river. Final assembly utilized a production line in which aircraft in process were moved manually from station to station. Subassemblies were not fabricated on an assembly line (Appendix B).

EMPLOYMENT

Employment rose gradually from July 1942 until December 1943, when conscripted labor was introduced for the first time. In early 1944, increasing numbers of conscripted laborers and the first use of students swelled total employment.

The peak was reached in February 1945 with a total of 28,569 employees (Fig.1). Of the February total, 44 percent were students, 16 percent conscripted labor, and 1.4 percent were soldiers. Slightly less than 94 percent were classed by plant officials as productive workers.

動艤、電艤、整備、特殊工作、熱田分工場、岡崎分工場

技術部：部長　兼　三竹
製図、生産技術、治具、
検査部：部長　米澤市太郎
第一検査、第二検査、飛行試験
保健部：部長　芋川　千秋
医務、保健
病院：　院長　兼　芋川
小松支工場：工場長　兼　藤森
勤労、会計、製作、工務、技術、材料、検査、

最終組立ラインは三本で、内二本が彩雲用で、一本が天山用であった。両機種の胴体組立は製作所の南部、つまり新工場から〔阿久比〕川を越えた〔東洋紡跡の山方工場で〕行われた。〔天山〕翼組立及び〔プレス〕部品は、川の北側の新工場〔現在の輸送機〕で行われた。〔山方工場では外に天山、彩雲の部品組付及び彩雲の翼、胴体をやっていた。〕最終組立は流れ作業を採用し、各工程間は人力で移動した。〔胴体、翼の〕部分組立は〔固定式治具作業であったので〕、移動する組立ラインでは行わなかった。（附図B）

雇用

Two shifts were adopted in June 1944, but a very small number of employees. less than 2 percent in October, worked on the night shift. The three-shift system was adopted in November 1944, and continued through May 1945. During the peak month of the three-shift system, in January 1945, 5.5 percent of total employees worked the"swing"shift, and 4.5 percent worked the"graveyard"shift.
After the July attacks, students no longer worked in the plant, although they continued to be carried on the employment rolls, and absenteeism among regular employees further reduced the actual number of workers.

MATERIALS AND COMPONENTS

All materials and components were obtained by allocation by the Munitions Ministry, based on requirements submitted by the company through the Navy on the basis of ordered production (Appendix C).

The plant fabricated its own fuselage and wing parts only, and made no components or subassemblies for other plants. All materials were received in finished or semifinished condition; the plant did no fabircation directly

従業員は昭和１７年７月から昭和１８年１２月までは、隊次増加した。昭和１８年１２月には、徴用工が始めて入職した。昭和１９年の始めには、徴用工の増大と最初の学徒動員のために、全従業者数は膨張した。

昭和２０年２月には全従業者数２８、５６９名のピークに達した。（第１図）この２月では、全体の４４％が学徒、１６％が徴用工、１・４％が〔発動機整備関係の〕兵であった。そして製作所担当者の分類に依れば、ほぼ９４％の人員が直接工であった。

昭和１９年６月には、二交替制が採られたが、１０月には２％足らずの極く小数の従業員が夜勤で働いていたに過ぎなかった。昭和１９年１０月には三交替制が採られ、昭和２０年５月まで続いた。三交替制の最盛期の昭和２０年１月には、全体の５・５％が夜直〔１６－２４時〕で働き、４・５％が深夜直〔０～８時〕で働いていた。〔現実は一直制乍ら深残業が常習化していた〕

昭和２０年７月の空襲以後、学徒は従業者名簿にはその名が記載されてはいたが、最早工場内での作業は無かった。又本工の内にも欠勤者が出ることで実際に稼働する作業員の数は更に減った。

資材と部分品

from raw materials.

In January 1945, steel sheets were put into use as a substitute for aluminum sheets on fuselages in order to reduce the requirements of aluminum. This resulted in a weight increase of from 10-15 percent. At about the same time, plywood was used in place of metal in wing tips and control surfaces. Similarly, as nickel, chrome, and manganese became scarcer, carbon steel was substituted for silicon-manganese and nickel-chrome steels. The plant itself did no experimentation in the use of substitutes but used only such substitutes as were recommended by the Navy.

PRODUCTION STATISTICS

From January 1944 until the end of the war, the Handa plant produced a total 1,357 airframes compared with total capacity of 1,769 and Government orders for 2,411 (Appendix D).

Total production increased during 1944 in line with the increase in capacity during that year, as the plant was enlarged and came into full operation (Fig.2). A drop in production occurred in June 1944 as preparations were being made to begin production of Myrt. A

全資材及び部分品は、会社の命ぜられた生産予定機数を基準にして、海軍經由で会社が提出した要求量に基いて、軍需省が配給した分が入手されていた。

製作所は自工場で使う胴体と翼を組立てるだけであって、他工場用の部分品や部分組立はやらなかった。全材料は完成又は半完成状態で供給されたので、製作所では素材から直接製造する事は無かった。〔本項了解し難いが鋳鍛造は社内加工しなかった事を指しているかとも思われる。〕

昭和20年1月にはアルミニュームの所要量を減すために、胴体〔の尾部外板〕のアルミ板の代替品として、鋼板が使われた。この結果重量が10～15％〔外板重量比か？〕が増加した。ほぼ同じ頃、翼の先端部や操縦席の計器板にベニヤ板が金属の代りに使われた。同様に、ニッケル、クロム、マンガン等が一層乏しくなって来たので、シリコンマンガン鋼やニッケルクロム鋼〔特殊鋼〕の代りに炭素鋼〔普通鋼〕が使われた。代用品を使うことに就いては、海軍の支持に依るものであったから、製作所自身は何等、代用品を使うことの実験はしなかった。

〔本項全体は日本の状況の概説的で必ずしも半田製作所を言い表しているとは受取り難い〕

severe earthquake in December 1944 caused extensive damage to buildings and contents and thus capacity was sharply reduced (Photos 1 and 2). This brought about a decrease in production in January 1945. Capacity continued low during February, but rapid recovery during March resulted in a total production of 131 aircraft that month, the peak production attained at the Handa plant.

The March production at Handa represented approximately 7 percent of total production of the aircraft industry during that month. Production dropped considerably during May and June 1945, partly due to a decrease in capacity resulting from the decision to transfer some facilities from production of Jill to production of Myrt, but primarily due to a temporary bottleneck in supply of components, which was broken in July resulting in a temporary increase in production. Although production was greater in July, capacity continued to decline as a result of the air attacks that month and both capacity and production declined during the first part of August as a result of the July attacks.

EFFECTS OF BOMBING

生産統計

昭和１９年1月から戦争終結に至るまでの間に、半田製作所は政府注文2、４１１機、總生産能力１、７６９機に対して、〔実績は〕１，３５７機の機体を〔作り、発動機、プロペラの支給を受けて、これを搭載艤装して飛行機を〕生産した。（付図D）（付図未添付）

製作所が拡張されてフル生産に入るに従い、昭和１９年の間は生産能力も高まり、ラインの總生産もこの年は増加した。（第2図）昭和１９年6月には、彩雲の生産を始める準備のために、生産が少し落ちた。〔事実とは異る〕昭和１９年１２月の激しい地震のために、建物や内部〔施設、特に組立治具〕に損害を被り、これで生産能力は著しく減少した。（写眞１、２）このことが昭和２０年１月の生産減少をもたらした。２月中は生産能力の低水準が続いたが、３月にかけて急速に復旧したので、この月の總生産は１３１機となり、半田製作所の最高月産数量を達成した。

半田での3月の生産量は、この月の航空機産業の全生産量の約7％に当っていた。5月から6月の間に、生産量はかなり減少した。その理由の一部は、天山の生産を〔取り止め〕、その生産設備を彩雲生産用に転

DIRECT ATTACKS

The principal attack on this plant occurred on 24 July 1945, at about 0900 and lasted 45 minutes. Seventy-seven B-29s of the Twentieth AF dropped 537 tons of high-explosive bombs on the target.

As a result of this attack, buildings in the south section of the plant, devoted to spar milling, fuselage assembly, and storage, were destroyed. A boiler room and workers' quarters were damaged. In the main plant area, the bombs fell heaviest in the southern part, destroying the welding shop and one sizable storage building. One large building devoted to fabrication of parts, wing assembly and final assembly of Myrt was badly damaged (Photos 3 and 4), as was another building used for spar and rib fabrication. One large bomb, landing in the open in the central part of this area, blasted the side walls of the remaining principal buildings (Photo 5). In this same attack, hangars to the north of the airstrip were badly damaged.

In a small-scale attack 3 days later, four bombs landed in and near the principal

換すると決めたこと〔小松支工場への移転実施〕にもよるが、第一の理由は〔協力工場からの〕部品供給の一時的隘路によるものである。尚7月にはこの隘路も応急的な増産により打開することができた。7月には生産が多かったにも拘らず、生産能力は同月の空襲の結果、減少し続け、8月の始めには生産生産能力も7月空襲の結果ではっきり減少した。

Ⅱ　爆撃の効果

直接の攻撃

この製作所に対する主な攻撃は、昭和20年7月24日に行われ、午前9時頃から45分間続けられた。

第20空軍のB29爆撃機77機が目標上に537トンの高性能爆弾を投下した。

この攻撃の結果、製作所の南の区域〔山方工場〕にあった翼の桁のミーリング加工工場、胴体組立工場及び倉庫が破壊された。ボイラー室や従業員宿舎が損害を受けた。本工場の区域では、その南部に激しく爆弾が落ち、溶接工場とかなり大きい倉庫一棟が破壊された。また、彩雲の部品組付、翼組立、最終組立に使用中の大きな建物〔6号棟〕〔東半分に〕手

final-assembly building, and one struck the remaining fuselage-assembly building in the south section of the plant. Bombs from this latter attack damaged the hangar to the south of the airstrip (Appendix E).

Plant officials estimated that as a result of these attacks, approximately 595,000 square feet of building area was destroyed. Thirteen machine tools were destroyed as well as 9 aircraft engines, 3 completed aircraft, 25 partially completed aircraft, 2 fuselages, and 7 main wing sections. No repairs were made to damaged buildings because of lack of building material and the abrupt end of the war.

Plant officials estimated that production was zero percent of the pre-attack level for the first week after the 24 July attack, 20 percent during the second week and 30 percent during the third week. Plant officials further estimated that except for the attack, they would have produced 70 aircraft between the attack and the end of the war. Actually, only 10 were produced. Thus a production loss of 60 aircraft was directly attributable to the air attacks. Capacity of the plant dropped from 120 aircraft in June to 70 in July, as a result of the attacks.

ひどい損害を受けた。（写眞3、4） そこで〔翼の〕桁と小骨の組付は他の建物に移すことになった。この〔本工場〕地域の中央部〔南の〕空地であった所に落ちた大型爆弾一発は、他の主要建物〔4号棟〕の〔南〕側壁を爆風で〔約25度〕吹き傾けた。（写眞5） この一連の攻撃で、滑走路北方の格納庫〔整備工場〕も完全にやられた。

三日後〔7月27日〕の小規模の攻撃では、爆弾四発が主要最終組立工場〔5号棟〕の内外に落ち、別の一発が南の区域〔山方工場〕に残っていた胴体組立工場に命中した。また、この日の爆撃は滑走路の南の格納庫にも損害を与えた。（附図E）

此等の攻撃の結果を、製作所当事者は次の様に見積った。すなわち、建物が面積で約595、000平方フート〔55、300㎡、16、700坪〕、工作機械が13台、航空機用発動機が9台、完成機が3機、最終組立中が25機、胴体が2本、主翼が7枚が破壊された。そして建築資材不足と思い掛けなく早かった終戦のために、被害建物は修理されないままに終った。

空襲前の生産水準に比べると、7月24日の空襲後の一週間での生産0％、二週間目で20％、三週間目で30％であったと製作所当事者は見積っている。更に製作所当事者は、若し空襲が無かったならば、空襲の日から終戦の日までの間に、飛行機70機が生産で

In the attack of 24 July six employees were killed and three were injured inside the plant. There were no casualties resulting from the attack of 27 July.

COUNTERMEASURES

No departments were moved underground at the plant location, and no buildings were dismantled to prevent spread of fire. Buildings destroyed by the December earthquake were cleared away, but with no idea of preventing spread of fire in forthcoming attacks.

Within the plant, blast walls were erected to protect electric power equipment, and trenches were dug outside the plant area for protection of personnel from air attacks. An elaborate air-raid warning system existed which utilized radio broadcasting stations, telephones from the Navy radio locator station, local police station, and local plant lookouts. The warning was given by the plant siren, alarm bell, loud speakers, and by individual plant wardens. A corps of Navy guards equipped with 22 anti-aircraft machine guns was assigned to the active defense of the plant, but were ineffective in combating air attacks.

きたであろうと推測している。実際には１０機が完成しただけであったから、この空襲に直接帰因する生産損失は飛行機６０機ということになる。この空襲の結果、製作所の生産能力は６月の１２０機から、７月の７０機に低下した。

７月２４日の空襲では、製作所内で従業員６名が死亡し、３名が負傷した。７月２７日の空襲では死傷者はいなかった。

〔製作所側の防空〕対策

製作所の敷地内では、地下〔濠〕に移転した部門も無かったし、火災の延焼を防ぐために解体された建物も無かった。１２月の地震で壊れた建物は片付けられたが、来る可き空襲に備えて火災の延焼を防ごうとする考えは無かった。

製作所内では電力設備の保護のために耐爆風防護壁が設けられ、空襲から人員を守るためには、製作所敷地の外側に防空濠が掘られた。ラジオ放送局や海軍の電波探知局からの電話、地方の警察署、地許の見張所等を利用して、入念に作られた空襲警報体制があった。警報は、製作所のサイレンや非常ベル、拡声器或いは各工場の監視員によって伝えられた。実際積局的に製作所を守るべく、２２梃の高射機銃を備えた海軍の警

INTERRUPTIONS DUE TO ALERTS

The plant had numerous alerts from December 1944 to the end of the war, and because of the policy of dispersing personnel outside the plant area, suffered a large man-hour loss during each alert. This loss of man-hours was converted by plant officials into lost production and resulted in the following estimates of loss in terms of completed aircraft from December 1944 through August 1945: 10, 8, 10, 19, 10, 7, 8, 20, and 15.

INTERRUPTIONS DUE TO AREA ATTACKS

The Handa plant was not affected by failure of electric power or other utilities. The July attacks did, however, destroy a large number of workers homes to the north of the plant area, resulting in a high percentage of absenteeism thereafter.

Many of the regular workers had been moved from Koizumi, and after the destruction of their quarters in Handa, a number of these workers returned to their former homes. In addition, several of the conscripted laborers

備隊が配置されていたが、空襲に際しては蟷螂の斧に過ぎなかった。

警報による〔生産〕阻害

昭和１９年１２月から終戦までの間に、製作所ではおびただしく空襲警報が出された。この警報の場合には、人員は製作所構外へ分散避難させる方針をとっていたので、警報のたびに多大な延べ作業時間の損失が出た。製作所当事者の推定によれば、この延べ作業時間の損失は直接生産の損失に結び付くわけで、完成機に換算すると、昭和１９年１２月は１０機、昭和２０年１月は８機、２月は１０機、３月は１９機、４月は１０機、５月は７機、６月は８機、７月は２０機、８月は１５機〔合計１０７機〕の損失となっていた。

〔市街〕地域への攻撃に依る〔生産〕阻害

半田製作所は、電力又はその他の施設の不足に影響されることはなかった。しかし7月空襲は、工場地区の北方にある従業員住宅を多数破壊した結果、これ以後止むを得ない欠勤の割合が高くなった。

本工の多くは〔群馬県〕小泉から転勤して来ていたのであるが、その人達の住む半田の地区が破壊されて

took it upon themselves to return to their former peaceful pursuits. Plant officials estimated that approximately 1,300 employees were AWOL at all times after the July attacks. Plant officials also estimated that the effect of destruction of workers homes and the consequent absenteeism was an 80 percent production loss for the first week after the attack, and a slightly lower percentage figure (65 percent) for the following 2 weeks.

INTERRUPTIONS TO SUPPLY

The over-all receipts of parts from suppliers rose throughout 1944 and 1945, although receipts in 1945 did not increase as fast as requirements (Fig.3). A slight decrease in May and a larger decline in July 1945 were believed by plant officials to be directly attributable to the effects of air attacks on suppliers.

Although the over-all receipts of supplies showed no alarming reduction prior to May 1945, the operation of the plant was hampered earlier by failure of receipts of supplies of some specific parts. Oil coolers from Nitto Airplane Equipment Co., in Tokyo, and landing gears from the Kayaba Co., in Tokyo and Gifu,

からは、こうした従業員の多くが、以前の郷里へ戻って行った。その上徴用工の一部も、思い切って元の平和な仕事に戻ってしまった。製作所当事者の概算では、7月の空襲以後常時約１３００人の従業員が出勤不能であった。又従業員の住宅が破壊されたことで、結果として休まざるを得なかった者のために、空襲直後の一週間は８０％、続く2週間目はこれよりやや低い数字（６５％）の生産損失になったと製作所当事者は推定した。

〔部品〕供給の阻害

全体的には、昭和１９年から昭和２０年にかけて、協力工場からの部品の供給は増加したが、昭和２０年には所要量の急増に追付くことができなかった。（第３図）昭和２０年5月の微減と7月の大幅減少は、協力工場への空襲の結果そのものであると製作所当事者は考えた。

協力工場からの部品入手は、昭和２０年5月以前には減少する氣配は見えなかったが、実はそれ以前でも、特定の部品の供給入手の不足のために、製作所の生産作業は防げられていた。東京の日東航空機器株式会社からのオイルクーラーや東京と岐阜の萱場株式会社からの降着装置〔脚オレオ（油圧緩衝器）〕

became short in supply during March 1945, and even shorter in May. Engine mounts from Arai Co., in Nagoya, became scarce at the end of April 1945. It was the failure of supply of particular items such as these that contributed largely to the drop in production in May 1945. New suppliers were impossible to find even with governmental assistance.

DISPERSAL

At the instigation of the Government, dispersal from this plant was planned in December 1944, but due to the complacency engendered by the lack of any air attacks before late July, actual dispersal operations had not been undertaken on a large scale by the end of the war.

Three major dispersal subdivisions were planned. Okazaki, Komatsu, and Ina (Appendix F). At Okazaki, where completed aircraft from Handa previously had been delivered to the Navy, final assembly facilities were to have been completed in October 1945 capable of producing 20 Myrts per month.

The Ina subdivision in Nagano prefecture was scheduled for operation in March 1946, and

が昭和２０年3月から供給不足となり、5月には一層不足した。名古屋の新井株式会社からの発動機架は昭和２０年4月の終りには不十分になってきた。このような特定の品目の供給不足が昭和２０年5月に生産を低下させた主役なのである。政府の援助をもってしても、新しい協力工場を見出すことは無理であった。

〔製作所の〕疎開

政府の勧めにより、昭和１９年１２月にはこの製作所の疎開が計画されたが、7月の空襲以前には空襲がなかったことから、警戒心も生れず、実際の疎開措置も戦争終結まで大規模に行われることはなかった。

岡崎、小松、伊那の三大疎開工場群が計画された。（附図F）岡崎では、以前から半田で完成した飛行機を〔空輸して、完全整備の上〕海軍に引渡していたので、〔岡崎第1航空隊の格納庫内に〕最終組立施設を昭和２０年１０月までに完備して、彩雲の月産２０機を可能ならしめる筈であった。

長野県伊那工場群は、昭和２１年3月操業を見込み、完成時点では彩雲の月産５０機を可能ならしめるに十分な施設を整えるはずであった。

小松工場群は石川県と富山県の各地に九つの分工場を含んで、昭和２０年１２月に完成する計画であった。

was to have had sufficient facilities available by that time to permit assembly of 50 Myrts per month.

The Komatsu subdivision was planned for completion in December 1945, and was to contain nine shops at various places in Ishikawa and Toyama prefectures. The planned production capacity was to be 70 Myrts per month. The Sami shops in Sami town near Komatsu had received some machines which were moved from Handa at the end of March 1945.

Assembly of Jill was to remain at the Handa plant since it was considered as becoming obsolete and the necessity for dispersal was consequently less. There was no emergency dispersal from Handa.

INTELLIGENCE CHECK

Intelligence that Myrt and Jill were being assembled at Handa was correct. A report that Rufe had been made at the Handa plant was unfounded. Intelligence overestimated the total production of Jill by 14 percent and of Myrt by 28 percent. Photo intelligence on the

そしてこの計画月産数量は彩雲７０機であった。昭和２０年3月末には、小松に近い佐美工場に半田から何台かの機械が移されていた。
〔小松、岡崎共に彩雲を完成した実績がある〕

天山の組立は、旧式化したと思われたこと、従って疎開の必要性も結果的に少いと考えられたので、半田製作所に留る所となった。半田製作所の疎開は〔４月から始ったが〕緊急に行われたものではなかった。

Ⅲ　情報の照合

マート〔彩雲〕とジル〔天山〕が半田で組立てられているという情報は正しかった。ルーフェ〔中島小泉製作所生産のＡ６Ｍ２－Ｎ　二式水上戰闘機〕が半田製作所で作られていたという報告は事実無根であった。情報は總生産量を天山で１４％、彩雲で２８％過大に見積っていた。製作所について写眞による情報とその機能の分析は概ね信頼できるものであった。建物が移転したと報告されていたが、実際は昭和１９年１２月の地震によって壊れたものであった。

Ⅳ　弱点

この製作所に対する攻撃は、戰争中としては遅過ぎ

plant and its functional analysis was generally reliable. Buildings reported as removed were actually those destroyed by the December 1944 earthquake.

VULNERABILITY

The attacks on this plant came too late in the war to discover any short-range effects of the attacks. The vulnerability of this target continued high at the time it was attacked since, prior to that time, there had been no concerted effort to disperse, and there was constant effort to increase production at this plant.

Vulnerability of production through attacks on suppliers was illustrated by the decline of production after April 1945, and the widening spread between production and capacity thereafter until the direct air attacks on Handa.

The vulnerability of morale of the workers was illustrated by the high absenteeism following the 24 July attack.

たために、極めて限られた効果しか与えられなかった。攻撃された時からもそれ以前からも、この目標はずっと弱点を持ち続けていた。つまり、疎開に対しては一致して努力する所がなく、むしろこの製作所での生産を増加することに不断の努力を続けていた。

協力工場への空襲に依って〔部品の供給が減少すること〕の生産上の弱点は、昭和２０年４月以降の生産減少傾向によって浮き彫りにされており、生産実績と生産能力との間の較差は、半田への直接空襲に至る迄の間、拡大を続けた。

作業員の勤労意識の弱点も７月２４日の空襲に伴う欠勤により表面化した。

☆報告書には、以下の資料が載せられていた。
○統計グラフ、従業員数（總員と直接工）、飛行機總生産機数（受注と実績、推定生産能力）、部品所要量と納入実績（金額表示）
○損害を受けた製作所内の写眞　５枚
○付図　７枚（工場建物配置図など）

あとがき

中島飛行機半田製作所の建設委員だった蘆澤《あしざわ》俊一氏、経理責任者だった石井亮三氏に沢山の資料と証言を頂いたのが平成十七年。輸送機工業㈱の元役員、大和黎生郎《おおわれおろう》氏からダンボール箱二つもの貴重な資料を頂いたのが平成十九年だった。

大和氏のダンボール箱には中島当時の諸規定綴、各種名簿、陸海軍部からの指令書など総務部保管資料。そして『中島ノート』があった。藤森正巳氏の筆跡であることを、ご子息の藤森是清氏に確認した。是清氏からも次々と資料が届いた。

何と、あれから六、七年も経ってしまった。

葦沢氏も、石井氏も、大和氏も亡くなってしまった。どなたも中島飛行機を心から愛していた。遅きに失したが、せめてのも償い。彼らのご意思を代筆したつもりだ。

資料を大切にし、それに逸れることは書いていない。ノンフィクション小説としての脚色はしているが資料にある史実を曲げてはいない。殊に藤森氏の『中島ノート』は昭和十八年から二十四年までの中島飛行機と富士産業の表も裏も教えてくれた。本書のベースは全てこのノートである。

中山素平氏を敵にし過ぎたかもしれない。だが、戦後、興銀が生き残るか、中島が生き残るかの、血みどろの戦いは、ここに書いた以上だったことは中山氏が一番知っているはずだ。日本を代表する鉄腕金融マンだ。この程度の悪口は慣れっこだろう。

そんな悪口をもっと書きたかった。

獅子文六の小説『大番』で有名な相場師、ギューちゃんこと佐藤和三郎が、興銀に張り付いて富士重工株やプリンス自動車株を睨んでいたこと。さらに富士産業、富士重工に送り込まれた興銀所縁の重役たちのこと。これらは面白い。

また、中島側でも戦後のゴタゴタの時代、魑魅魍魎《ちみもうりょう》の暗躍があった。横領、隠匿、公文書偽造。中島の所有物がいつの間にか、誰かさんの所有になっている。これも面白い。だが、双方とも裏が取りきれない危ない話なので今回は断念。機会をみて書くつもりだ。むろん、スキャンダラスで興味本位な話でなく、人間模様の視点でである。

戦争は、狂気を正当化する。そして戦争は科学技術を発達させ、優秀な技術者を生む。本書に関わり、それを実感した。

日本も米英諸国も、正義の名の下、軍用機という武器を造り続け、その生産量が戦争の勝敗を決めた。

技術者は、軍用機という武器の性能向上と生産に命を懸けた。戦闘機乗りは、軍用機という武器を命を懸けて操った。それは美しくも悲しい人間ドラマであった。

狂気の時代にもプライドを捨てなかった技術者もいた。「離陸はできるが着陸ができない飛行機は飛行機でない」と、木製の特攻専門機「キ115」を、ついに軍に渡さなかった人たちだ。この機は百二十機あった。技術者のプライドが百二十人の若い命を救ったとみるか、武器の出荷を拒んだ非国民とみるかは、読み手次第だ。

中島対興銀の経済戦争。日米の戦争。戦争に思いやりという精神はないのだろうが、せめて、ぎりぎりの人間性《ヒューマニティー》だけは保ってほしい。戦争を調べながら、そう思った。

平成二十七年早春

西まさる拝

西まさる（にし・まさる）

1945年、東京生まれ。作家・編集者。

著書は、『地図にない町』『悲しき横綱の生涯・大碇紋太郎伝』『次郎長と久六』『男のまん中』『忠臣蔵と江戸の食べもの話』『幸せの風を求めて・榊原弱者救済所』（新葉館出版）など多数。

論文に「吉原遊郭を支配した南知多衆」、「俗謡・半田亀崎女の夜ばい」など。

西まさる編集事務所主幹。はんだ郷土史研究会代表幹事。熱田の森文化センター講師など。

◇主な参考文献（本文に記載のほか）

・別冊　はんだ郷土史だより（はんだ郷土史研究会刊）
・海こそなけれ：諏訪海軍の航跡（諏訪海軍史刊行会編）
・飛行機王　中島知久平（豊田穣著／講談社）
・ユソーキ新しき創造・五十年史（輸送機工業㈱刊）
・大本営機密日誌（種村佐孝著／芙蓉書房刊）
・銀翼遥か・中島飛行機五十年目の証言（太田市刊）
・中島飛行機の想い出（斉藤昇著／輸送機工業社内報）
・中島産報回覧板（中島飛行機半田製作所回覧新聞）
・ちば開発夜話（石毛博著／千葉日報社）

◇本文内やあとがきでお名前を記した方のほか、多くの方々に証言、情報をいただいた。感謝も申し上げる。

中島飛行機の終戦

◇

2015年3月29日発行

◇

著　者・西 まさる

発行人・松岡 恭子

発行所

新葉館出版

大阪市東成区玉津1丁目9-16 4F　〒537-0023

TEL06-4259-3777 FAX06-4259-3888

http://shinyokan.jp

◇

編集・西まさる編集事務所

印刷・東海通信印刷㈱

◇

ISBN978-4-86044-588-1

定価はカバーおよび帯に表示してあります。

◇新葉館出版の近刊◇

忠臣蔵と江戸の食べもの話
○西まさる

事件当日の勅旨饗応料理の献立。内匠頭と上野介の最後の晩餐は?。酒?蕎麦は?遊郭話も。早川由美(西鶴研究者)、入口修三(四條流家元)との対談も楽しい。

1,500＋税
四六版 208P

続・知多半島歴史読本
○河合克己

知多半島地域史研究の第一人者の著者が、好評の前書を受けての待望の続編。「黒鍬稼ぎ」「知多の黒鍬衆秘話」「源義朝暗殺秘話」など興味一杯。歴史本としても秀逸。

2,000＋税
四六版 278P

卑弥呼の一生 紫式部への鎮魂歌
○岩谷行雄

「卑弥呼の一生の舞台と終焉の地は広島県三原である」。その裏づけは万葉集、源氏物語などに。その謎を解き明かし、古代史研究に重い一石を投じた乾坤の一書だ。

2,000＋税
四六版 546P

近世はなしの作り方読み方研究
○島田大助

―はなしの指南書―が副題。滑稽話。落語。人生で最も大切な〝笑い〟がテーマ。軽妙な語り口で〝おかしみ〟を説いている。西鶴諸国はなしの新解釈も楽しい。

6,000＋税
B5版 508P

幸せの風を求めて ―榊原弱者救済所
○西まさる

孤児、老病者、出獄者など帰る家のない社会的弱者を一万五千人も救済した民間施設があった。その主宰者は元侠客の親分だった。驚愕の実話。

1,700＋税
四六版 232P

新葉館出版の本は、全国の有名書店またはWEB書店で販売中。